工程质量安全手册实施细则系列丛书

工程质量安全管理与控制细则

中国工程建设标准化协会建筑施工专业委员会

北京土木建筑学会　组织编写

北京万方建知教育科技有限公司

吴松勤　高新京　主编

中国建筑工业出版社

图书在版编目（CIP）数据

工程质量安全管理与控制细则/吴松勤，高新京主编. —北京：中国建筑工业出版社，2019.3（2023.9重印）
（工程质量安全手册实施细则系列丛书）
ISBN 978-7-112-23248-2

Ⅰ．①工…　Ⅱ．①吴…②高…　Ⅲ．①建筑工程-安全管理-细则-中国②建筑工程-质量控制-细则-中国　Ⅳ．①TU714②TU712.3

中国版本图书馆 CIP 数据核字（2019）第 024191 号

本书严格按照《工程质量安全手册》编写，共 2 篇 5 章，上篇是质量安全管理与控制细则，包括总则，行为准则；下篇是质量安全管理类资料表格，包括监理资料，施工资料，竣工验收资料中使用的大量表格。

本书内容实用，指导性强，可供工程建设单位、监理单位、施工单位及质量安全监督机构的技术人员和管理人员使用。

责任编辑：万　李　范业庶　刘　江
责任校对：李美娜

工程质量安全手册实施细则系列丛书
工程质量安全管理与控制细则
中国工程建设标准化协会建筑施工专业委员会
北京土木建筑学会　组织编写
北京万方建知教育科技有限公司
吴松勤　高新京　主编

*

中国建筑工业出版社出版、发行（北京海淀三里河路 9 号）
各地新华书店、建筑书店经销
霸州市顺浩图文科技发展有限公司制版
建工社（河北）印刷有限公司印刷

*

开本：787×1092 毫米　1/16　印张：12½　字数：307 千字
2019 年 3 月第一版　2023 年 9 月第二次印刷
定价：**42.00** 元
ISBN 978-7-112-23248-2
（33559）

本书编写委员会

组织编写：中国工程建设标准化协会建筑施工专业委员会

北京土木建筑学会

北京万方建知教育科技有限公司

主　　编：吴松勤　高新京

副 主 编：杨玉江　刘文君

参编人员：吴　洁　张向礼　王海松　许增军　赵　键

温丽丹　杜　健　穆晋通　刘兴宇　周海军

出 版 说 明

为深入开展工程质量安全提升行动，保证工程质量安全，提高人民群众满意度，推动建筑业高质量发展，2018年9月21日住房城乡建设部发出了《住房城乡建设部关于印发〈工程质量安全手册（试行）〉的通知》（建质〔2018〕95号），文件要求："各地住房城乡建设主管部门可在工程质量安全手册的基础上，结合本地实际，细化有关要求，制定简洁明了、要求明确的实施细则。要督促工程建设各方主体认真执行工程质量安全手册，将工程质量安全要求落实到每个项目、每个员工，落实到工程建设全过程。要以执行工程质量安全手册为切入点，开展质量安全'双随机、一公开'检查，对执行情况良好的企业和项目给予评优评先等政策支持，对不执行或执行不力的企业和个人依法依规严肃查处并曝光。"

为宣传贯彻落实《工程质量安全手册》（以下简称《手册》），2018年10月25日住房城乡建设部在湖北省武汉市召开工程质量监管工作座谈会，住房城乡建设部相关领导出席会议。北京、天津、上海、重庆、湖北、吉林、宁夏、江苏、福建、山东、广东11个省（自治区、市）住房城乡建设主管部门有关负责同志参加座谈会。

会议认为，质量安全工作永远在路上，需要大家共同努力、抓实抓好。一要统一思想、提高站位，充分认识推行《手册》制度的重要性、必要性。推行《手册》制度是贯彻落实党中央、国务院决策部署的重要举措，是建筑业高质量发展的重要内容，是提升工程质量安全管理水平的有效手段。二要凝聚共识、精准施策，积极推进《手册》落到实处。要坚持项目管理与政府监管并重、企业责任与个人责任并重、治理当前问题与夯实长远基础并重，提高项目管理水平，提升政府监管能力，强化责任追究。三要牢记使命、勇于担当，以执行《手册》为着力点，改革和完善工程质量安全保障体系。按照"不立不破、先立后破"的原则，坚持问题导向，强化主体责任、完善管理体系，创新市场机制、激发市场主体活力，完善管理制度、确保建材产品质量，改革标准体系、推进科技创新驱动，建立诚信平台、推进社会监督。

会议强调，各地要结合本地实际制定简洁明了、要求明确的实施细则，先行先试，样板引路。要狠下功夫，抓好建设单位和总承包单位两个主体责任落实。要解决老百姓关心的住宅品质问题，切实提升建筑品质，不断增强人民群众的获得感、幸福感、安全感。要严厉查处违法违规行为，加大对人员尤其是注册执业人员的处罚力度。要大力培育现代产业工人队伍，总承包单位要培养自有技术骨干工人。要加大建筑业改革闭环管理力度，重点抓好总承包前端和现代产业工人末端，促进建筑业高质量发展。要加大危大工程管理力度，采取强有力手段，确保"方案到位、投入到位、措施到位"，有效遏制较大及以上安全事故发生。

为配合《工程质量安全手册》的贯彻实施，我社委托中国工程建设标准化协会建筑施工专业委员会、北京土木建筑学会、北京万方建知教育科技有限公司组织有关专家编写了这套《工程质量安全手册实施细则系列丛书》，方便工程建设单位、监理单位、施工单位及质量安全监督机构的技术人员和管理人员学习参考。丛书共分为 9 个分册，分别是：《工程质量安全管理与控制细则》、《工程实体质量控制实施细则与质量管理资料（地基基础工程、防水工程）》、《工程实体质量控制实施细则与质量管理资料（混凝土工程）》、《工程实体质量控制实施细则与质量管理资料（钢结构工程、装配式混凝土工程）》、《工程实体质量控制实施细则与质量管理资料（砌体工程、装饰装修工程）》、《工程实体质量控制实施细则与质量管理资料（建筑电气工程、智能建筑工程）》、《工程实体质量控制实施细则与质量管理资料（给水排水及采暖工程、通风与空调工程）》、《工程实体质量控制实施细则与质量管理资料（市政工程）》、《建设工程安全生产现场控制实施细则与安全管理资料》。

本丛书严格遵照《工程质量安全手册》的具体规定，依据国家现行标准，从控制目标、保障措施等方面制定简洁明了、要求明确的实施细则，内容实用，指导性强，方便工程建设单位、监理单位、施工单位及质量安全监督机构的技术人员和管理人员学习参考。

目　录

上篇　质量安全管理与控制细则

上

篇

质量安全管理与控制细则

Chapter 01

总　　则

1.1　目的

📋《工程质量安全手册》第1.1条：

完善企业质量安全管理体系，规范企业质量安全行为，落实企业主体责任，提高质量安全管理水平，保证工程质量安全，提高人民群众满意度，推动建筑业高质量发展。

📖实施细则：

1.1.1　完善企业质量安全管理体系

（1）施工企业应结合自身特点、相关方期望、应对风险和机遇及质量管理需要，建立质量管理体系并形成文件。

质量管理的各项要求是通过质量管理体系实现的。质量管理体系是在质量方面指挥和控制企业建立质量方针和质量目标，并实现质量方针、目标的相互关联或相互作用的一组要素。

施工企业需按照规范的要求建立或完善质量管理体系，并形成书面文件。

建立质量管理体系需考虑：自身特点、相关方期望、应对风险和机遇及质量管理需要。这些因素是施工企业市场竞争与持续发展的基本条件。

（2）施工企业应对质量管理体系的各项活动进行策划，并确保质量管理体系有效运行。

施工企业的质量管理活动需遵循持续改进的原则。通过质量管理活动的策划，明确其目的、职责、步骤和方法。各项质量管理活动的实施按照策划的结果进行并需保证资源的落实。

策划是指为达到一定目标，在调查、分析有关信息的基础上，遵循一定的程序，对未来（某项）工作进行全面的构思和安排，制定和选择合理可行的执行方案，并根据目标要求和环境变化对方案进行修改、调整的活动。策划的结果不一定形成文件，需按相关法规和企业制度要求执行。

施工企业质量管理的重点是有效落实质量管理的各项策划要求。

施工企业应检查、分析、评价和持续改进质量管理活动的过程和结果。

质量管理活动的过程和结果需采取适宜的方式进行检查、监督、分析和评价，以确定质量管理活动的有效性，明确改进的必要性和方向，通过改进活动的实施不断提高质量管理水平。

注：本内容参照《工程建设施工企业质量管理规范》GB/T 50430—2017 第 3.1.1 条至第 3.1.3 条的规定。

1.1.2　规范企业质量安全行为

1. 质量管理行为

（1）项目经理、主要技术人员变更是否经业主、监理工程师同意，变更后人员资质有无降低；

（2）对重点、难点工程是否编制施工组织设计，是否经监理工程师审批，现场是否按施工组织设计实施；

（3）进场材料是否经过自检、检测频率是否符合规范要求，检测记录、报告是否齐全；是否建立不合格试验处理台账；

（4）混凝土配合比设计是否经中心试验室验证，并经监理工程师批准；

（5）材料自检和工序检验是否按照规范完成；

（6）工程施工原始记录是否齐全；

（7）施工技术交底工作是否记录齐全；

（8）是否严格执行监理指令，质量问题的整改是否落实；

（9）内业资料是否规范，符合要求，且与外业进度一致。

2. 安全管理行为

（1）是否制定专项安全技术措施；

（2）是否对一线施工人员进行安全技术交底；

（3）是否编制各项安全生产应急救援预案并演练；

（4）各种施工机具设备和劳动保护用品是否有定期检查记录；

（5）施工现场是否按规范设置安全警示标志标牌；

（6）是否组织安全生产检查并有记录；

（7）自查中发现的重大安全隐患是否及时上报业主和监理；

（8）检查中发现的安全隐患是否及时进行认真整改；

（9）安全生产经费使用及保险办理是否符合有关规定；

（10）是否具备有效的《施工安全生产许可证》；

（11）是否有专职安全管理员，施工单位项目负责人、技术负责人、专职安全生产管理人员是否有安全生产管理资格证书。

1.1.3　落实企业主体责任

1. 明确生产经营单位主体责任

安全生产工作应当以人为本，坚持安全发展，坚持安全第一、预防为主、综合治理的方针，强化和落实生产经营单位的主体责任，建立生产经营单位负责、职工参与、政府监管、行业自律和社会监督的机制。

2. 建立推行安全生产标准化

生产经营单位必须遵守本法和其他有关安全生产的法律、法规，加强安全生产管理，建立、健全安全生产责任制和安全生产规章制度，改善安全生产条件，推进安全生产标准化建设，提高安全生产水平，确保安全生产。

近年来，安全生产标准化取得了显著成绩，企业本质安全生产水平持续提高。在总结多年实践经验的基础上，《安全生产法》规定，生产经营单位应当推进安全生产标准化工作，提高安全生产水平，确保安全生产。

3. 建立高危企业安全管理人员任免告知制度

危险物品的生产、储存单位以及矿山、金属冶炼单位的安全生产管理人员的任免，应当告知主管的负有安全生产监督管理职责的部门。

从事安全风险较大，极易发生生产安全事故的安全管理人员必须具有较高的安全生产知识水平和安全管理技能。为此，《安全生产法》明确了高危企业安全管理人员的重要地位，其任免应当告知主管的负有安全生产监督管理职责的部门，以便监管部门掌握企业安全管理人员的变化情况，采取相应的监管措施。

4. 建立事故隐患排查治理制度

生产经营单位应当建立健全生产安全事故隐患排查治理制度，采取技术、管理措施，及时发现并消除事故隐患。事故隐患排查治理情况应当如实记录，并向从业人员通报。县级以上地方各级人民政府负有安全生产监督管理职责的部门应当建立健全重大事故隐患治理督办制度，督促生产经营单位消除重大事故隐患。

这一规定，是贯彻落实"建立隐患排查治理体系和安全预防控制体系，遏制重特大安全事故"要求的重要体现。把多年来坚持实行并不断完善的隐患排查治理制度上升为法律规定。

5. 建立重大事故隐患越级报告制度

生产经营单位的安全生产管理人员应当根据本单位的生产经营特点，对安全生产状况进行经常性检查；对检查中发现的安全问题，应当立即处理；不能处理的，应当及时报告本单位有关负责人，有关负责人应当及时处理。检查及处理情况应当如实记录在案。

生产经营单位的安全生产管理人员在检查中发现重大事故隐患，依照规定向本单位有关负责人报告，有关负责人不及时处理的，安全生产管理人员可以向主管的负有安全生产监督管理职责的部门报告，接到报告的部门应当依法及时处理。

在安全管理工作实践中，安全生产管理人员在检查中发现重大事故隐患，向生产经营单位的有关负责人报告后，生产经营单位的有关负责人由于各种原因，不予处理或者不及时处理，常常导致事故发生。这一规定，赋予安全管理人员越级报告的权利，规定有关主管部门应当依法处理的职责，有利于及时排除重大隐患，防止生产安全事故的发生。

6. 建立推行安全生产责任保险制度

生产经营单位必须依法参加工伤保险，为从业人员缴纳保险费。国家鼓励生产经营单位投保安全生产责任保险。

投保安全生产责任保险，有利于帮助企业解决事故救援和第三者伤害费用，同时减轻政府负担。

7. 委托服务后安全生产责任的确定

依法设立的为安全生产提供技术、管理服务的机构，依照法律、行政法规和执业准则，接受生产经营单位的委托为其安全生产工作提供技术、管理服务。生产经营单位委托机构提供安全生产技术、管理服务的，保证安全生产的责任仍由本单位负责。

这有利于厘清安全责任，促使生产经营单位全面履行安全生产主体责任。

8. 安全生产责任制考核

生产经营单位的安全生产责任制应当明确各岗位的责任人员、责任范围和考核标准等内容。应建立相应的机制，加强对安全生产责任制落实情况的监督考核，保证安全生产责任制的落实。

生产经营单位落实安全生产责任制进行了细化规定，并对强化生产经营单位内部的责任考核提出了明确要求，推进安全生产责任制落到实处。

9. 从业人员需进行安全生产教育和培训

生产经营单位应当对从业人员进行安全生产教育和培训，保证从业人员具备必要的安全生产知识，熟悉有关的安全生产规章制度和安全操作规程，掌握本岗位的安全操作技能，了解事故应急处理措施，知悉自身在安全生产方面的权利和义务。未经安全生产教育和培训合格的从业人员，不得上岗作业。

生产经营单位使用被派遣劳动者的，应当将被派遣劳动者纳入本单位从业人员统一管理，对被派遣劳动者进行岗位安全操作规程和安全操作技能的教育和培训。劳务派遣单位应当对被派遣劳动者进行必要的安全生产教育和培训。被派遣劳动者享有《安全生产法》规定的从业人员的权利，并应当履行本法规定的从业人员的义务。

生产经营单位接收中等职业学校、高等学校学生实习的，应当对实习学生进行相应的安全生产教育和培训，提供必要的劳动防护用品。学校应当协助生产经营单位对实习学生进行安全生产教育和培训。

生产经营单位应当建立安全生产教育和培训档案，如实记录安全生产教育和培训的时间、内容、参加人员以及考核结果等情况。

10. 应急预案和应急准备

县级以上地方各级人民政府应当组织有关部门制定本行政区域内生产安全事故应急救援预案，建立应急救援体系。生产经营单位发生生产安全事故后，事故现场有关人员应当立即报告本单位负责人。

单位负责人接到事故报告后，应当迅速采取有效措施，组织抢救，防止事故扩大，减少人员伤亡和财产损失，并按照国家有关规定立即如实报告当地负有安全生产监督管理职责的部门，不得隐瞒不报、谎报或者迟报，不得故意破坏事故现场、毁灭有关证据。

这些规定，使应急预案相互衔接，应急救援物资、设备和力量能够发挥作用，最大限度减少生产安全事故的影响。

11. 生产经营单位主要负责人职责规定

生产经营单位的主要负责人对本单位安全生产工作负有下列职责：

（1）建立、健全本单位安全生产责任制；

（2）组织制定本单位安全生产规章、制度和操作规程；

（3）组织制定并实施本单位安全生产教育和培训计划；

（4）保证本单位安全生产投入的有效实施；

（5）督促、检查本单位的安全生产工作，及时消除生产安全事故隐患；

（6）组织制定并实施本单位的生产安全事故应急救援预案；

（7）及时、如实报告生产安全事故。

12. 生产经营单位安全生产管理机构、人员设置、配备标准和工作职责

矿山、金属冶炼、建筑施工、道路运输单位和危险物品的生产、经营、储存单位，应当设置安全生产管理机构或者配备专职安全生产管理人员。规定以外的其他生产经营单位，从业人员超过一百人的，应当设置安全生产管理机构或者配备专职安全生产管理人员；从业人员在一百人以下的，应当配备专职或者兼职的安全生产管理人员。

生产经营单位的安全生产管理机构以及安全生产管理人员应当恪尽职守，依法履行职责。在作出涉及安全生产的经营决策，应当听取安全生产管理机构以及安全生产管理人员的意见。并且生产经营单位不得因安全生产管理人员依法履行职责而降低其工资、福利等待遇或者解除与其订立的劳动合同。危险物品的生产、储存单位以及矿山、金属冶炼单位的安全生产管理人员的任免，应当告知主管的负有安全生产监督管理职责的部门。

生产经营单位的安全生产管理机构以及安全生产管理人员履行下列职责：

（1）组织或者参与拟订本单位安全生产规章　制度、操作规程和生产安全事故应急救援预案；

（2）组织或者参与本单位安全生产教育和培训，如实记录安全生产教育和培训情况；

（3）督促落实本单位重大危险源的安全管理措施；

（4）组织或者参与本单位应急救援演练；

（5）检查本单位的安全生产状况，及时排查生产安全事故隐患，提出改进安全生产管理的建议；

（6）制止和纠正违章指挥、强令冒险作业、违反操作规程的行为；

（7）督促落实本单位安全生产整改措施。

13. 建设项目安全设施"三同时"制度

生产经营单位新建、改建、扩建工程项目（以下统称建设项目）的安全设施，必须与主体工程同时设计、同时施工、同时投入生产和使用。安全设施投资应当纳入建设项目概算。

建设项目安全设施的设计人、设计单位应当对安全设施设计负责。

矿山、金属冶炼建设项目和用于生产、储存、装卸危险物品的建设项目的安全设施设计应当按照国家有关规定报经有关部门审查，审查部门及其负责审查的人员对审查结果负责。

矿山、金属冶炼建设项目和用于生产、储存、装卸危险物品的建设项目的施工单位必须按照批准的安全设施设计施工，并对安全设施的工程质量负责。

矿山、金属冶炼建设项目和用于生产、储存危险物品的建设项目竣工投入生产或者使用前，应当由建设单位负责组织对安全设施进行验收；验收合格后，方可投入生产和使用。安全生产监督管理部门应当加强对建设单位验收活动和验收结果的监督核查。

安全生产"三同时"对于保障建设项目的安全条件，解决安全条件先天不足的问题具有重要作用。完善了矿山、金属冶炼建设项目和用于生产、储存、装卸危险物品的建设项

目的安全评价、安全设施设计审查的规定。

矿山、金属冶炼建设项目和用于生产、储存、装卸危险物品的建设项目竣工投入使用前，应当由建设单位组织对安全设施进行验收。建设单位对验收结果负责。负有安全生产监督管理职责的部门应当加强监督核查。

14. 生产经营发包、出租安全管理的规定

生产经营单位不得将生产经营项目、场所、设备发包或者出租给不具备安全生产条件或者相应资质的单位或者个人。

生产经营项目、场所发包或者出租给其他单位的，生产经营单位应当与承包单位、承租单位签订专门的安全生产管理协议，或者在承包合同、租赁合同中约定各自的安全生产管理职责；生产经营单位对承包单位、承租单位的安全生产工作统一协调、管理，定期进行安全检查，发现安全问题的，应当及时督促整改。

有些生产经营单位以包代管，以租代管，对承包单位、承租单位的安全生产问题不负责任，往往一包了之或者一租了之，导致事故隐患大量存在，甚至发生安全事故。

15. 生产经营单位提取使用安全费用的规定

生产经营单位应当具备的安全生产条件所必需的资金投入，由生产经营单位的决策机构、主要负责人或者个人经营的投资人予以保证，并对由于安全生产所必需的资金投入不足导致的后果承担责任。

有关生产经营单位应当按照规定提取和使用安全生产费用，专门用于改善安全生产条件。安全生产费用在成本中据实列支。安全生产费用提取、使用和监督管理的具体办法由国务院财政部门会同国务院安全生产监督管理部门征求国务院有关部门意见后制定。

保证安全经费投入，是生产经营活动安全进行，防止和减少事故发生的重要保障。国家安监总局和财政部先后研究制定下发文件，明确了安全费用提取使用一系列政策措施。建立安全生产费用提取使用制度，是保障企业安全生产资金投入，防止和减少生产安全事故发生，维护企业、职工及社会公共利益的重要举措。

16. 生产经营单位主要负责人和安全管理人员任职资格

生产经营单位的主要负责人和安全生产管理人员必须具备与本单位所从事的生产经营活动相应的安全生产知识和管理能力。

危险物品的生产、经营、储存单位以及矿山、金属冶炼、建筑施工、道路运输单位的主要负责人和安全生产管理人员，应当由主管的负有安全生产监督管理职责的部门对其安全生产知识和管理能力考核合格。考核不得收费。

危险物品的生产、储存单位以及矿山、金属冶炼单位应当有注册安全工程师从事安全生产管理工作。鼓励其他生产经营单位聘用注册安全工程师从事安全生产管理工作。注册安全工程师按专业分类管理，具体办法由国务院人力资源和社会保障部门、国务院安全生产监督管理部门会同国务院有关部门制定。

17. 生产经营单位安全生产教育和培训

生产经营单位应当对从业人员进行安全生产教育和培训，保证从业人员具备必要的安全生产知识，熟悉有关的安全生产规章制度和安全操作规程，掌握本岗位的安全操作技能，了解事故应急处理措施，知悉自身在安全生产方面的权利和义务。未经安全生产教育和培训合格的从业人员，不得上岗作业。

　　生产经营单位使用被派遣劳动者的，应当将被派遣劳动者纳入本单位从业人员统一管理，对被派遣劳动者进行岗位安全操作规程和安全操作技能的教育和培训。劳务派遣单位应当对被派遣劳动者进行必要的安全生产教育和培训。

　　生产经营单位接收中等职业学校、高等学校学生实习的，应当对实习学生进行相应的安全生产教育和培训，提供必要的劳动防护用品。学校应当协助生产经营单位对实习学生进行安全生产教育和培训。

　　生产经营单位应当建立安全生产教育和培训档案，如实记录安全生产教育和培训的时间、内容、参加人员以及考核结果等情况。

　　生产经营单位的主要负责人对本单位安全生产工作负有下列职责：

　　（1）建立、健全本单位安全生产责任制；

　　（2）组织制定本单位安全生产规章、制度和操作规程；

　　（3）组织制定并实施本单位安全生产教育和培训计划；

　　（4）保证本单位安全生产投入的有效实施；

　　（5）督促、检查本单位的安全生产工作，及时消除生产安全事故隐患；

　　（6）组织制定并实施本单位的生产安全事故应急救援预案；

　　（7）及时、如实报告生产安全事故。

　　18．危险物品、设备安全管理规定

　　生产经营单位使用的危险物品的容器、运输工具，以及涉及人身安全、危险性较大的海洋石油开采特种设备和矿山井下特种设备，必须按照国家有关规定，由专业生产单位生产，并经具有专业资质的检测、检验机构检测、检验合格，取得安全使用证或者安全标志，方可投入使用。检测、检验机构对检测、检验结果负责。

　　19．危险作业安全管理规定

　　生产经营单位进行爆破、吊装以及国务院安全生产监督管理部门会同国务院有关部门规定的其他危险作业，应当安排专门人员进行现场安全管理，确保操作规程的遵守和安全措施的落实。

　　为深刻吸取事故教训，加强危险作业的管理。规定有利于推动生产经营单位强化现场管理，落实防范措施。

　　注：本内容参照《中华人民共和国安全生产法》的规定。

1.2　编制依据

1.2.1　法律法规

　　（1）《中华人民共和国建筑法》；

　　（2）《中华人民共和国安全生产法》；

　　（3）《中华人民共和国特种设备安全法》；

　　（4）《建设工程质量管理条例》；

　　（5）《建设工程勘察设计管理条例》；

　　（6）《建设工程安全生产管理条例》；

（7）《特种设备安全监察条例》；

（8）《安全生产许可证条例》；

（9）《生产安全事故报告和调查处理条例》等。

1.2.2 部门规章

（1）《房屋建筑和市政基础设施工程施工图设计文件审查管理办法》（住房城乡建设部令第 13 号）；

（2）《建筑工程施工许可管理办法》（住房城乡建设部令第 18 号）；

（3）《建设工程质量检测管理办法》（建设部令第 141 号）；

（4）《房屋建筑和市政基础设施工程质量监督管理规定》（住房城乡建设部令第 5 号）；

（5）《房屋建筑和市政基础设施工程竣工验收备案管理办法》（住房城乡建设部令第 2 号）；

（6）《房屋建筑工程质量保修办法》（建设部令第 80 号）；

（7）《建筑施工企业安全生产许可证管理规定》（建设部令第 128 号）；

（8）《建筑起重机械安全监督管理规定》（建设部令第 166 号）；

（9）《建筑施工企业主要负责人、项目负责人和专职安全生产管理人员安全生产管理规定》（住房城乡建设部令第 17 号）；

（10）《危险性较大的分部分项工程安全管理规定》（住房城乡建设部令第 37 号）等。

1.2.3 其他文件

有关规范性文件，有关工程建设标准、规范。

1.3 适用范围

房屋建筑和市政基础设施工程。

Chapter 02

行 为 准 则

2.1　基本要求

2.1.1　工程质量安全负责划分

📋《工程质量安全手册》第 2.1.1 条：

> 建设、勘察、设计、施工、监理、检测等单位依法对工程质量安全负责。

📖实施细则：

1. 建设单位质量安全负责

建设单位项目负责人是指建设单位法定代表人或经法定代表人授权，代表建设单位全面负责工程项目建设全过程管理，并对工程质量承担终身责任的人员。建筑工程开工建设前，建设单位法定代表人应当签署授权书，明确建设单位项目负责人。建设单位项目负责人应当严格遵守《建设单位项目负责人质量安全责任八项规定》并承担相应责任。

2. 勘察单位质量安全负责

建筑工程勘察单位项目负责人（以下简称勘察项目负责人）是指经勘察单位法定代表人授权，代表勘察单位负责建筑工程项目全过程勘察质量管理，并对建筑工程勘察质量安全承担总体责任的人员。勘察项目负责人应当由具备勘察质量安全管理能力的专业技术人员担任。甲、乙级岩土工程勘察的项目负责人应由注册土木工程师（岩土）担任。建筑工程勘察工作开始前，勘察单位法定代表人应当签署授权书，明确勘察项目负责人。勘察项目负责人应当严格遵守《建筑工程勘察单位项目负责人质量安全责任七项规定》并承担相应责任。

3. 设计单位质量安全负责

建筑工程设计单位项目负责人（以下简称设计项目负责人）是指经设计单位法定代表人授权，代表设计单位负责建筑工程项目全过程设计质量管理，对工程设计质量承担总体责任的人员。设计项目负责人应当由取得相应的工程建设类注册执业资格（主导专业未实行注册执业制度的除外），并具备设计质量管理能力的人员担任。承担民用房屋建筑工程的设计项目负责人原则上由注册建筑师担任。建筑工程设计工作开始前，设计单位法定代表人应当签署授权书，明确设计项目负责人。设计项目负责人应当严格遵守《建筑工程设计单位项目负责人质量安全责任七项规定》并承担相应责任。

4. 监理单位质量安全负责

建筑工程项目总监理工程师（以下简称项目总监）是指经工程监理单位法定代表人授权，代表工程监理单位主持建筑工程项目的全面监理工作并对其承担终身责任的人员。建筑工程项目开工前，监理单位法定代表人应当签署授权书，明确项目总监。项目总监应当严格执行《建筑工程项目总监理工程师质量安全责任六项规定》并承担相应责任。

注：本内容参照《建设单位项目负责人质量安全责任八项规定（试行）》的规定。

2.1.2 建设活动取得相应资质

📋《工程质量安全手册》第 2.1.2 条：

勘察、设计、施工、监理、检测等单位应当依法取得资质证书，并在其资质等级许可的范围内从事建设工程活动。施工单位应当取得安全生产许可证。

📖 实施细则：

从事建筑活动的建筑施工企业、勘察单位、设计单位和工程监理单位，按照其拥有的注册资本、专业技术人员、技术装备和已完成的建筑工程业绩等资质条件，划分为不同的资质等级，经资质审查合格，取得相应等级的资质证书后，方可在其资质等级许可的范围内从事建筑活动。

注：本内容参照《中华人民共和国建筑法》第 13 条的规定。

2.1.2.1 勘察单位资质

1. 勘察单位资质等级

（1）工程勘察资质包括工程勘察相应类型、主要专业技术人员配备、技术装备配备及规模划分等内容。工程勘察范围包括建设工程项目的岩土工程、水文地质勘察和工程测量。

（2）工程勘察资质分为三个类别：工程勘察综合资质、工程勘察专业资质、工程勘察劳务资质。

工程勘察综合资质：包括全部工程勘察专业资质的工程勘察资质。

工程勘察专业资质：岩土工程专业资质、水文地质勘察专业资质和工程测量专业资质；其中，岩土工程专业资质包括：岩土工程勘察、岩土工程设计、岩土工程物探测试检测监测等岩土工程（分项）专业资质。

工程勘察劳务资质：包括工程钻探和凿井。

（3）工程勘察综合资质只设甲级。岩土工程、岩土工程设计、岩土工程物探测试检测监测专业资质设甲、乙两个级别；岩土工程勘察、水文地质勘察、工程测量专业资质设甲、乙、丙三个级别。工程勘察劳务资质不分等级。

（4）考核内容：

《工程勘察资质标准》主要对企业资历和信誉、技术条件、技术装备及管理水平进行考核。其中技术条件中的主要专业技术人员的考核内容为：

1）对注册土木工程师（岩土）或一级注册结构工程师的注册执业资格和业绩进行考核。

2）对非注册的专业技术人员的所学专业、技术职称，依据"表 2-1　工程勘察行业主要专业技术人员配备表"中专业设置中规定的专业进行考核。主导专业非注册人员需考核相应业绩，工程勘察主导专业参照"表 2-1　工程勘察行业主要专业技术人员配备表"。

（5）申请两个以上工程勘察专业资质时，应同时满足"表 2-1　工程勘察行业主要专业技术人员配备表"中相应专业的专业设置和注册人员的配置，其相同专业的专业技术人员的数量以其中的高值为准。

（6）具有岩土工程专业资质，即可承担其资质范围内相应的岩土工程治理业务；具有岩土工程专业甲级资质或岩土工程勘察、设计、物探测试检测监测等三类（分项）专业资质中任一项甲级资质，即可承担其资质范围内相应的岩土工程咨询业务。

（7）《工程勘察资质标准》规定主要专业技术人员，年龄限 60 周岁及以下。

2. 勘察单位资质标准

（1）工程勘察综合资质

1）资历和信誉

① 符合企业法人条件，具有 10 年及以上工程勘察资历。

② 实缴注册资本不少于 1000 万元人民币。

③ 社会信誉良好，近 3 年未发生过一般及以上质量安全责任事故。

④ 近 5 年内独立完成过的工程勘察项目应满足以下要求：岩土工程勘察、设计、物探测试检测监测甲级项目各不少于 5 项，水文地质勘察或工程测量甲级项目不少于 5 项，且质量合格。

2）技术条件

① 专业配备齐全、合理。主要专业技术人员数量不少于"表 2-1　工程勘察行业主要专业技术人员配备表"规定的人数。

② 企业主要技术负责人或总工程师应当具有大学本科以上学历、10 年以上工程勘察经历，作为项目负责人主持过本专业工程勘察甲级项目不少于 2 项，具备注册土木工程师（岩土）执业资格或本专业高级专业技术职称。

③ 在"表 2-1　工程勘察行业主要专业技术人员配备表"规定的人员中，注册人员应作为专业技术负责人主持过所申请工程勘察类型乙级以上项目不少于 2 项；主导专业非注册人员中，每个主导专业至少有 1 人作为专业技术负责人主持过相应类型的工程勘察甲级项目不少于 2 项，其他非注册人员应作为专业技术负责人主持过相应类型的工程勘察乙级以上项目不少于 3 项，其中甲级项目不少于 1 项。

3）技术装备及管理水平

① 有完善的技术装备，满足"表 2-2　工程勘察主要技术装备配备表"规定的要求。

② 有满足工作需要的固定工作场所及室内试验场所，主要固定场所建筑面积不少于 3000m^2。

③ 有完善的技术、经营、设备物资、人事、财务和档案管理制度，通过 ISO 9001 质量管理体系认证。

4）承担业务范围

承担各类建设工程项目的岩土工程、水文地质勘察、工程测量业务（海洋工程勘察除外），其规模不受限制（岩土工程勘察丙级项目除外）。

（2）工程勘察专业资质

1）甲级

① 资质资历和信誉

a. 符合企业法人条件，具有 5 年及以上工程勘察资历。

b. 实缴注册资本不少于 300 万元人民币。

c. 社会信誉良好，近 3 年未发生过一般及以上质量安全责任事故。

d. 近 5 年内独立完成过的工程勘察项目应满足以下要求：

岩土工程专业资质：岩土工程勘察甲级项目不少于 3 项或乙级项目不少于 5 项、岩土工程设计甲级项目不少于 2 项或乙级项目不少于 4 项、岩土工程物探测试检测监测甲级项目不少于 2 项或乙级项目不少于 4 项，且质量合格。

岩土工程（分项）专业资质、水文地质勘察专业资质、工程测量专业资质：完成过所申请工程勘察专业类型甲级项目不少于 3 项或乙级项目不少于 5 项，且质量合格。

② 技术条件

a. 专业配备齐全、合理。主要专业技术人员数量不少于"工程勘察行业主要专业技术人员配备表"规定的人数。

b. 企业主要技术负责人或总工程师应当具有大学本科以上学历、10 年以上工程勘察经历，作为项目负责人主持过本专业工程勘察甲级项目不少于 2 项，具备注册土木工程师（岩土）执业资格或本专业高级专业技术职称。

c. 在"表 2-1 工程勘察行业主要专业技术人员配备表"规定的人员中，注册人员应作为专业技术负责人主持过所申请工程勘察类型乙级以上项目不少于 2 项；主导专业非注册人员作为专业技术负责人主持过所申请工程勘察类型乙级以上项目不少于 2 项，其中，每个主导专业至少有 1 名专业技术人员作为专业技术负责人主持过所申请工程勘察类型甲级项目不少于 2 项。

③ 技术装备及管理水平

a. 有完善的技术装备，满足"表 2-2 工程勘察主要技术装备配备表"规定的要求。

b. 有满足工作需要的固定工作场所及室内试验场所。

c. 有完善的质量、安全管理体系和技术、经营、设备物资、人事、财务、档案等管理制度。

④ 承担业务范围

承担本专业资质范围内各类建设工程项目的工程勘察业务，其规模不受限制。

2）乙级

① 资历和信誉

a. 符合企业法人条件。

b. 社会信誉良好，实缴注册资本不少于 150 万元人民币。

② 技术条件

a. 专业配备齐全、合理。主要专业技术人员数量不少于"表 2-1 工程勘察行业主要专业技术人员配备表"规定的人数。

b. 企业主要技术负责人或总工程师应当具有大学本科以上学历、10 年以上工程勘察经历，作为项目负责人主持过本专业工程勘察乙级项目不少于 2 项或甲级项目不少于 1 项，具备注册土木工程师（岩土）执业资格或本专业高级专业技术职称。

c. 在"表 2-1　工程勘察行业主要专业技术人员配备表"规定的人员中，注册人员应作为专业技术负责人主持过所申请工程勘察类型乙级以上项目不少于 2 项；主导专业非注册人员作为专业技术负责人主持过所申请工程勘察类型乙级项目不少于 2 项或甲级项目不少于 1 项。

③ 技术装备及管理水平

a. 有与工程勘察项目相应的能满足要求的技术装备，满足"表 2-2　工程勘察主要技术装备配备表"规定的要求。

b. 有满足工作需要的固定工作场所。

c. 有较完善的质量、安全管理体系和技术、经营、设备物资、人事、财务、档案等管理制度。

④ 承担业务范围

承担本专业资质范围内各类建设工程项目乙级及以下规模的工程勘察业务。

3）丙级

① 资历和信誉

a. 符合企业法人条件。

b. 社会信誉良好，实缴注册资本不少于 80 万元人民币。

② 技术条件

a. 专业配备齐全、合理。主要专业技术人员数量不少于"表 2-1　工程勘察行业主要专业技术人员配备表"规定的人数。

b. 企业主要技术负责人或总工程师应当具有大专以上学历、10 年以上工程勘察经历；作为项目负责人主持过本专业工程勘察类型的项目不少于 2 项，其中，乙级以上项目不少于 1 项；具备注册土木工程师（岩土）执业资格或中级以上专业技术职称。

c. 在"表 2-1　工程勘察行业主要专业技术人员配备表"规定的人员中，主导专业非注册人员作为专业技术负责人主持过所申请工程勘察类型的项目不少于 2 项。

③ 技术装备及管理水平

a. 有与工程勘察项目相应的能满足要求的技术装备，满足"表 2-2　工程勘察主要技术装备配备表"规定的要求。

b. 有满足工作需要的固定工作场所。

c. 有较完善的质量、安全管理体系和技术、经营、设备物资、人事、财务、档案等管理制度。

④ 承担业务范围

承担本专业资质范围内各类建设工程项目丙级规模的工程勘察业务。

（3）工程勘察劳务资质

1）工程钻探

① 资历和信誉

a. 符合企业法人条件。

b. 社会信誉良好，实缴注册资本不少于 50 万元人民币。

② 技术条件

a. 企业主要技术负责人具有 5 年以上从事工程管理工作经历，并具有初级以上专业技术职称或高级工以上职业资格。

b. 具有经考核或培训合格的钻工、描述员、测量员、安全员等技术工人，工种齐全且不少于 12 人。

③ 技术装备及管理水平

a. 有必要的技术装备，满足"表2-2　工程勘察主要技术装备配备表"规定的要求。

b. 有满足工作需要的固定工作场所。

c. 质量、安全管理体系和技术、经营、设备物资、人事、财务、档案等管理制度健全。

④ 承担业务范围

承担相应的工程钻探、凿井等工程勘察劳务业务。

2）凿井

① 资历和信誉

a. 符合企业法人条件。

b. 社会信誉良好，实缴注册资本不少于 50 万元人民币。

② 技术条件

a. 企业主要技术负责人具有 5 年以上从事工程管理工作经历，并具有初级以上专业技术职称或高级工以上职业资格。

b. 具有经考核或培训合格的钻工、电焊工、电工、安全员等技术工人，工种齐全且不少于 13 人。

③ 技术装备及管理水平

a. 有必要的技术装备，满足"表2-2　工程勘察主要技术装备配备表"规定的要求。

b. 有满足工作需要的固定工作场所。

c. 质量、安全管理体系和技术、经营、设备物资、人事、财务、档案等管理制度健全。

④ 承担业务范围

承担相应的工程钻探、凿井等工程勘察劳务业务。

注：本内容参照《工程勘察资质分级标准》的规定。

工程勘察行业主要专业技术人员配备表　　　　表 2-1

工程勘察资质	工程勘察类型与等级		注册专业	非注册专业								总计
			土木（岩土）	(1)岩土工程勘察	(2)岩土工程设计	(3)水文地质	(4)工程测量	(5)工程物探	(6)岩土测试检测	(7)岩土监测	(8)室内试验	
综合资质	甲级		8(2)	3	3	8(5)	8(5)	2	2	3	3	40
专业资质	岩土工程	甲级	5(2)	3	2	2	2	2	2	2	2	22
		乙级	2	3	2	1	1	1	1	1		12

续表

工程勘察资质	工程勘察类型与等级			注册专业	非注册专业								总计
				土木（岩土）	(1)岩土工程勘察	(2)岩土工程设计	(3)水文地质	(4)工程测量	(5)工程物探	(6)岩土测试检测	(7)岩土监测	(8)室内试验	
专业资质	岩土工程（分项）	岩土工程勘察	甲级	3	3		1	1	1	1		2	12
			乙级	2	3					1			6
			丙级		5(1)								5
		岩土工程设计	甲级	5(2)		2	2						9
			乙级	2		2	1						5
		岩土工程物探测试检测监测	甲级	2				2	2	2	2		10
			乙级	1				1	1	1	1		5
	水文地质勘察		甲级				7(3)		2				9
			乙级				5(2)		1				5
			丙级				5(1)						5
	工程测量		甲级					8(3)					8
			乙级					6(2)					6
			丙级					5(1)					5

注：1. 主导专业规定如下：岩土工程为（1）、（2）、（5）、（6）、（7），其中岩土工程勘察为（1），岩土工程设计为（2），岩土工程物探测试检测监测为（5）、（6）、（7）；水文地质勘察为（3）；工程测量为（4）。各专业资质中的主导专业均为综合资质的主导专业。

2. 注册专业中的专业人员配备数量后括号中的数字，为可由一级注册结构工程师替代的最高数值；非注册专业中的专业人员配备数量后括号中的数字，为对其中具有高级及以上专业技术职称人员数量的要求。

3. 非注册人员，须具有大专以上学历、中级以上专业技术职称，并从事工程勘察实践8年以上；表中要求专业技术人员具有高级专业技术职称的，从其规定。

工程勘察主要技术装备配备表　　　　　　　　　　表 2-2

工程勘察资质类型与等级		主要技术装备
综合资质	甲级	1. 室内试验设备至少须满足下列两种技术装备配备要求之一： （1）高压固结仪 10 台(20 个通道或压力容器)，中低压固结仪 20 台(40 个通道或压力容器)，三轴仪 3 台，渗透仪 2 台，四联直剪仪、无侧限压缩仪各 1 台； （2）万能材料试验机或压力试验机 1 台，岩石三轴仪、岩石点荷载仪试验设备、磨石机各 1 台。 2. 原位测试设备任选 3 类：载荷试验设备、旁压设备、静力触探设备、扁铲、现场剪切设备各 1 套。 3. 物探测试检测设备任选 5 类：电法仪、面波仪、地震仪、工程检测仪(波速检测仪)、声波测井仪、探地雷达、桩基动测仪、地下管线探测仪各 1 套。 4. 全站仪 10 台(其中 1 秒级精度及以上不少于 1 台，2s 级精度及以上不少于 4 台)，S3 级精度以上水准仪 6 台(其中 S1 级精度及以上不少于 1 台)，5mm＋1ppm 精度及以上 GNSS 接收机 6 台套

工程勘察资质类型与等级			主要技术装备
专业资质	岩土工程	甲级	1. 室内试验设备至少须满足下列两种技术装备配备要求之一： (1)高压固结仪 5 台(10 个通道或压力容器)、中低压固结仪 20 台(40 个通道或压力容器)、三轴仪、渗透仪、四联直剪仪、无侧限压缩仪各 1 台； (2)万能材料试验机或压力试验机 1 台,岩石三轴仪、岩石点荷载仪试验设备、磨石机各 1 台。 2. 原位测试设备任选 3 类：载荷试验设备、旁压设备、静力触探设备、扁铲、现场剪切设备各 1 套。 3. 物探测试检测设备任选 5 类：电法仪、面波仪、地震仪、工程检测仪(波速检测仪)、声波测井仪、探地雷达、桩基动测仪、地下管线探测仪各 1 套。 4. 5s 级精度及以上全站仪 3 台,S3 级精度及以上水准仪 2 台
		乙级	1. 室内试验设备至少须满足下列两种技术装备配备要求之一： (1)高压固结仪 3 台(6 个通道或压力容器)、中低压固结仪 10 台(20 个通道或压力容器)、三轴仪、渗透仪、四联直剪仪、无侧限压缩仪各 1 台； (2)万能材料试验机或压力试验机 1 台,岩石三轴仪、岩石点荷载仪试验设备、磨石机各 1 台。 2. 原位测试设备任选 2 类：载荷试验设备、旁压设备、静力触探设备、扁铲、现场剪切设备各 1 套。 3. 物探测试检测设备任选 3 类：电法仪、面波仪、地震仪、工程检测仪(波速检测仪)、声波测井仪、探地雷达、桩基动测仪、地下管线探测仪各 1 套。 4. 5s 级精度及以上全站仪 1 台,S3 级精度及以上水准仪 1 台。 注:上述第 1~3 款要求的技术装备可由依法约定的协作单位提供
岩土工程（分项）专业资质	岩土工程勘察	甲级	1. 室内试验设备至少须满足下列两种技术装备配备要求之一： (1)高压固结仪 5 台(10 个通道或压力容器)、中低压固结仪 20 台(40 个通道或压力容器)、三轴仪、渗透仪、四联直剪仪、无侧限压缩仪各 1 台； (2)万能材料试验机或压力试验机 1 台,岩石三轴仪、岩石点荷载仪试验设备、磨石机各 1 台。 2. 原位测试设备任选 3 类：载荷试验设备、旁压设备、静力触探设备、扁铲、现场剪切设备各 1 套。 3. 物探测试检测设备任选 3 类：电法仪、面波仪、地震仪、工程检测仪(波速检测仪)、声波测井仪、探地雷达、桩基动测仪、地下管线探测仪各 1 套。 4. 5 秒级精度及以上全站仪 3 台,S3 级精度及以上水准仪 2 台
		乙级	1. 室内试验设备至少须满足下列两种技术装备配备要求之一： (1)高压固结仪 3 台(6 个通道或压力容器)、中低压固结仪 10 台(20 个通道或压力容器)、三轴仪、渗透仪、四联直剪仪、无侧限压缩仪各 1 台； (2)万能材料试验机或压力试验机 1 台,岩石三轴仪、岩石点荷载仪试验设备、磨石机各 1 台。 2. 原位测试设备任选 2 类：载荷试验设备、旁压设备、静力触探设备、扁铲、现场剪切设备各 1 套。 3. 物探测试检测设备任选 3 类：电法仪、面波仪、地震仪、工程检测仪(波速检测仪)、声波测井仪、探地雷达、桩基动测仪、地下管线探测仪各 1 套。 4. 5 秒级精度及以上全站仪 1 台,S3 级精度及以上水准仪 1 台。 注:上述第 1~3 款要求的技术装备可由依法约定的协作单位提供

续表

工程勘察资质类型与等级			主要技术装备
岩土工程（分项）专业资质	岩土工程勘察	丙级	1. 室内试验设备至少须满足下列两种技术装备配备要求之一： （1）高压固结仪 3 台（6 个通道或压力容器），中低压固结仪 10 台（20 个通道或压力容器），三轴仪、渗透仪、四联直剪仪、无侧限压缩仪各 1 台； （2）万能材料试验机或压力试验机 1 台，岩石三轴仪、岩石点荷载仪试验设备、磨石机各 1 台。 2. 原位测试设备任选 2 类：载荷试验设备、旁压设备、静力触探设备、扁铲、现场剪切设备各 1 套。 3. 物探测试检测设备任选 3 类：电法仪、面波仪、地震仪、工程检测仪（波速检测仪）、声波测井仪、探地雷达、桩基动测仪、地下管线探测仪各 1 套。 4. 5 秒级精度及以上全站仪、S3 级精度及以上水准仪各 1 台。 注：上述第 1～3 款要求的技术装备可由依法约定的协作单位提供
	岩土工程设计	甲级	正版岩土工程设计软件不少于 3 种
		乙级	正版岩土工程设计软件不少于 1 种
	岩土工程物探测试检测监测	甲级	1. 物探测试检测设备任选 6 类：电法仪、面波仪、地震仪、工程检测仪（波速检测仪）、声波测井仪、探地雷达、桩基动测仪、地下管线探测仪、载荷试验设备各 1 套。 2. 全站仪 5 台（其中 1 秒级精度及以上不少于 1 台，2s 级精度及以上不少于 3 台），S3 级精度及以上水准仪 3 台（其中 S1 精度及以上不少于 1 台）
		乙级	1. 物探测试检测设备任选 5 类：电法仪、面波仪、地震仪、工程检测仪（波速检测仪）、声波测井仪、探地雷达、桩基动测仪、地下管线探测仪、载荷试验设备各 1 套。 2. 全站仪 3 台（其中 2 秒级精度及以上不少于 1 台），S3 级精度及以上水准仪 2 台
专业资质	水文地质	甲级	1. 电法仪、抽水试验设备各 3 套。 2. 5 秒级精度及以上全站仪 2 台、S3 级精度及以上水准仪 1 台
		乙级	1. 电法仪、抽水试验设备各 2 套。 2. 5 秒级精度及以上全站仪 1 台、S3 级精度及以上水准仪 1 台
		丙级	1. 电法仪、抽水试验设备各 1 套。 2. 5 秒级精度及以上全站仪、S3 级精度及以上水准仪各 1 台
	工程测量	甲级	全站仪 10 台（其中 1s 级精度及以上不少于 1 台，2s 级精度及以上不少于 4 台），S3 级精度及以上水准仪 6 台（其中 S1 精度及以上不少于 1 台），5mm＋1ppm 精度及以上 GNSS 接收机 6 台套
		乙级	全站仪 5 台（其中 1 秒级精度及以上不少于 1 台，2s 级精度及以上不少于 2 台），S3 级精度及以上水准仪 3 台，5mm＋1ppm 精度及以上 GNSS 接收机 4 台套
		丙级	全站仪 3 台（其中 2s 级精度及以上不少于 1 台），S3 级精度及以上水准仪 2 台，5mm＋1ppm 精度及以上 GNSS 接收机 3 台套
劳务资质	工程钻探		钻机 6 台（标准贯入、动力触探设备相应配套）
	凿井		水文钻机 5 台、抽水试验设备不少于 3 套（空压机、深井泵等）

注：申请两个以上资质时，相同技术装备数量取高值。

2.1.2.2 设计单位资质

1. 设计单位资质分类

《工程设计资质标准》将准工程设计资质分为四个序列：

（1）工程设计综合资质：工程设计综合资质是指涵盖21个行业的设计资质。

（2）工程设计行业资质：工程设计行业资质是指涵盖某个行业资质标准中的全部设计类型的设计资质。

（3）工程设计专业资质：工程设计专业资质是指某个行业资质标准中的某一个专业的设计资质。

（4）工程设计专项资质：工程设计专项资质是指为适应和满足行业发展的需求，对已形成产业的专项技术独立进行设计以及设计、施工一体化而设立的资质。

工程设计综合资质只设甲级。工程设计行业资质和工程设计专业资质设甲、乙两个级别；根据行业需要，建筑、市政公用、水利、电力（限送变电）、农林和公路行业设立工程设计丙级资质，建筑工程设计专业资质设丁级。建筑行业根据需要设立建筑工程设计工程设计事务所资质。工程设计专业资质根据需要设置等级。

2. 工程设计综合资质

（1）资质和信誉

1）具有独立企业法人资格。

2）资本不少于6000万元人民币。

3）近3年年平均工程勘察设计营业收入不少于10000万元人民币，且近5年内2次工程勘察设计营业收入在全国勘察设计企业排名列前50名以内；或近5年2次企业营业税金及附加在全国勘察设计企业排名列前50名以内。

4）具有2个工程设计行业甲级资质，且近10年内独立承担大型建设项目工程设计每行业不少3项，并已建设成投产。

或同时具有某1个工程设计行业甲级资质和其他3个不同行业甲级工程设计的专业资质，且近10年内独立承担大型建设项目工程设计不少于4项。其中，工程设计行业甲级相应业绩不少于1项，工程设计专业甲级相应业绩各不少于1项，并已建成投产。

（2）技术条件

1）技术力量雄厚，专业配备合理。

企业具有初级以上专业技术职称且从事工程勘察设计的人员不少于500人，其中具备注册执业资格或高级专业技术职称的不少于200人，且注册专业不少于5个，5个专业的注册人员总数不低于40人。

企业从事工程项目管理且具备建造师或监理工程师注册执业资格的人员不少于10人。

2）企业主要技术负责人或总工程师应当具有大学本科以上学历、15年以上设计经历，主持过大型项目工程设计不少于2项，具备注册执业资格或高级专业技术职称。

3）拥有与工程设计有关的专利、专有技术、工艺包（软件包）不少于3项。

4）近10年获得过全国优秀工程设计奖、全国优秀工程勘察奖、国家级科技进步奖的奖项不少于5项，或省部级（行业）优秀工程设计一等奖（金奖）、省部级（行业）科技进步一等奖的项不少于5项。

5）近10年主编2项或参编过5项以上国家、行业工程建设标准、规范。

（3）技术装备及管理水平

1）有完善的技术装备及固定工作场所，且主要工作场所建筑面积不少于10000m²。

2）有完善的企业技术、质量、安全和档案管理，通过ISO 9000族标准质量体系认证。

3）具有与承担建设项目工程总承包或工程项目管理相适应的组织机构或管理体系。

3. 工程设计行业资质

（1）甲级

1）资质和信誉

① 具有独立企业法人资格。

② 社会信誉良好，注册资本不少于600万元人民币。

③ 企业完成过的工程设计项目应满足所申请行业主要专业技术人员配备表中对工程设计类型业绩考核的要求，且要求考核业绩的每个设计类型的大型项目工程设计不少于1项或中型项目工程设计不少于2项，并已建成投产。

2）行业技术条件

① 专业配备齐全、合理，主要专业技术人员数量不少于所申请行业资质标准中主要专业技术人员配备表规定的人数。

② 企业主要技术负责人或总工程师应当具有大学本科以上学历、10年以上设计经历，主持过所申请行业大型项目工程设计不少于2项，具备注册执业资格或高级专业技术职称。

③ 在主要专业技术人员配备表规定的人员中，主导专业的非注册人员应当作为专业技术负责人主持过所申请行业中型以上项目不少于3项，其中大型项目不少于1项。

3）技术装备及管理水平

① 有必要的技术装备及固定的工作场所。

② 企业管理组织结构、标准体系、质量体系、档案管理体系健全。

具有施工总承包特级资质的企业，可以取得相应行业的设计甲级资质。

（2）乙级

1）资质和信誉

① 具有独立企业法人资格。

② 社会信誉良好，注册资本不少于300元人民币。

2）行业技术条件

① 专业配备齐全、合理、主要专业技术人员数量不少于所申请行业资质标准中主要专业技术人员配备表规定的人数。

② 企业的主要技术负责人或总工程师应当具有大学本科以上学历、10年以上设计经历，主持过所申请行业大型项目工程设计不少于1项，或中型目工程设计不少于3项，具备注册执业资格或高级专业技术职称。

③ 在主要专业技术人员配备表规定的人员中，主导专业的非注册人员应当作为专业技术负责人主持过所申请行业中型项目不少于2项，或大型项目不少于1项。

3）装备及管理水平

① 有必要的技术装备及固定的工作场所。

② 有完善的质量体系和技术、经营、人事、财务、档案管理制度。

（3）丙级

1）资历和信誉

① 具有独立企业法人资格。

② 社会信誉良好，注册资本不少于 100 万元人民币。

2）技术条件

① 专业配备齐全、合理、主要专业技术人员数量不少于所申请行业资质标准中主要专业技术人员配备表规定的人数。

② 企业的主要技术负责人或总工程师应当具有大专以上学历、10 年以上设计经历，且主持过所申请行业项目工程设计不少于 2 项，具有中级以上专业技术职称。

③ 在主要专业技术人员配备表规定的人员中，主导专业的非注册人员应当作为专业技术负责人主持过所申请行业项目工程设计不少于 2 项。

3）技术装备及管理水平

① 有必要的技术装备及固定的工作场所。

② 有较完善的质量体系和技术、经营、人事、财务、档案管理制度。

4．工程技术专业资质

（1）甲级

1）资历和信誉

① 具有独立企业法人资格。

② 社会信誉良好，注册资本不少于 300 万元人民币。

③ 企业完成过所申请行业相应专业设计类型大型项目工程设计不少于 1 项，或中型项目工程设计不少于 2 项，并已建成投产。

2）技术条件

① 专业配备齐全、合理、主要专业技术人员数量不少于所申请专业资质标准中主要专业技术人员配备表规定的人数。

② 企业主要技术负责人或总工程师应当具有大学本科以上学历、10 年以上设计经历，且主持过所申请行业相应专业设计类型的大型项目工程设计不少于 2 项，具备注册执业资格或高级专业技术职称。

③ 在主要专业技术人员配备表规定的人员中，主导专业的非注册应作为专业技术负责人主持过所申请行业相应专业设计类型的中型以上项目工程设计不少于 3 项，其中大型项目工程设计不少于 1 项。

3）技术装备及管理水平

① 有必要的技术装备及固定的工程场所。

② 企业管理组织结构、标准体系、质量、档案体系健全。

（2）乙级

1）资质和信誉

① 具有独立业法人资格。

② 社会信誉良好，注册资本不少于 100 万人民币。

2）技术条件

① 专业配备齐全、合理，主要专业技术人员数量不少于所申请专业资质标准中主要

专业技术人员配备表规定的人数。

② 企业的主要技术负责人或总工程师应当具有大学本科以上学历、10 年以上设计经历，且主持过所申请行业项目专业设计类型的中型项目工程设计不少于 3 项，或大型项目工程设计不少于 1 项，具备注册执业资格或高级专业技术职称。

③ 在主要专业技术人员配备表规定的人员中，主导专业的注册人员应当作为专业技术负责人主持过所申请行业相应专业设计类型的中型项目工程设计不少于 2 项，或大型项目工程设计不少于 1 项。

3）技术装备及管理水平

① 有必要的技术装备及固定的工作场所

② 有较完善的质量体系和技术经营、人事、财务、档案等管理制度。

（3）丙级

1）资质和信誉

① 具有独立企业法人资格。

② 社会信誉良好，注册资本不少于 50 万元人民币。

2）技术条件

① 专业配备齐全、合理、主要专业技术人员数量不少于所申请专业资格标准中主要专业技术人员配备表规定的人数。

② 企业的主要技术负责人或总工程师应当具有大专以上学历、10 年以上设计经历，且主持过所申请行业相应专业设计类型的工程设计不少于 2 项，具有中级及以上专业技术职称。

③ 在主要专业技术人员配备表规定的人员中，主导专业的非注册人员应当作为专业技术负责人主持过所申请行业相应专业设计类型的项目工程设计不少于 2 项。

3）技术装备及管理水平

① 有必要的技术装备及固定的工作场所。

② 有较完善的质量体系和技术、经营、人事、财务、档案等管理制度。

（4）丁级 （限建筑工程设计）

1）资质和信誉

① 具有独立企业法人资格。

② 社会信誉良好，注册资本不少于 5 万元人民币。

2）技术条件

企业专业技术人员总数不少于 5 人。其中，二级以上注册建筑师或注册结构工程师不少于 1 人；具有建筑工程类型专业学历、2 年以上设计经历的专业技术人员不少于 2 人；具有 3 年以上设计经历，参与过至少 2 项工程设计的专业技术人员不少于 2 人。

3）技术装备及管理水平

① 有必要的技术装备及固定工作场所。

② 有较完善的技术、财务、档案等管理制度。

5．工程设计专业资质

1）资质和信誉

① 具有独立企业法人资格。

② 社会信誉良好，注册资本符合相应工程设计专项资质标准的规定。

2）技术条件

专业配备齐全、合理，企业的主要技术负责人或总工程师、主要专业技术人员配备符合相应工程设计专项资质标准的规定。

3）技术装备及管理水平

① 有必要的技术装备及固定的工作场所。

② 企业管理的组织结构、标准体系、质量体系、档案管理体系运行有效。

6．承担业务范围

承担资质证书许可范围内的工程设计业务，承担与资质证书许可范围相应的建设工程总承包、工程项目管理和相关技术、咨询与管理服务业务。承担业务的地区不受限制。见表2-3。

工程勘察项目规模划分表　　　　　　　　表 2-3

序号	项目名称		项目规模		
			甲级	乙级	丙级
1	岩土工程	岩土工程勘察	1. 国家重点项目的岩土工程勘察。 2. 按《岩土工程勘察规范》GB 50021 岩土工程勘察等级为甲级的工程。 3. 下列工程项目的岩土工程勘察： （1）按《建筑地基基础设计规范》GB 50007 地基基础设计等级为甲级的工程项目； （2）需要采取特别处理措施的极软弱的或非均质地层，极不稳定的地基；建于严重不良的特殊性岩土上的大、中型项目； （3）有强烈地下水运动干扰、有特殊要求或安全等级为一级的深基坑开挖工程，有特殊工艺要求的超精密设备基础工程，大型深埋过江（河）地下管线、涵洞等深埋处理工程，核废料深埋处理工程，高度≥100m 的高耸构筑物基础，房屋建筑和市政工程中边坡高度≥15m 的岩质边坡工程和高度≥10m 的土质边坡工程，其他工程中高度≥30m 的岩质边坡工程和高度≥15m 的土质边坡工程，特大桥、大桥、大型立交桥（含跨海大桥），大型竖井、巷道、平洞、隧道、地铁、城市轻轨和城市隧道，大型地下洞室、地下储库工程，超重型设备，大型基础托换、基础补强工程，Ⅰ级垃圾填埋场，一、二级工业废渣堆场； （4）大深沉井、沉箱，安全等级为一级的桩基、墩基，特大型、大型桥梁基础，架空索道基础； （5）其他工程设计规模为特大型、大型的建设项目	1. 按《岩土工程勘察规范》GB 50021 岩土工程勘察等级为乙级的工程项目。 2. 下列工程项目的岩土工程勘察： （1）按《建筑地基基础设计规范》GB 50007 地基基础设计等级为乙级的工程项目； （2）中型深埋过江（河）地下管线、涵洞等深埋处理工程，高度＜100m 的高耸构筑物基础，房屋建筑和市政工程中边坡高度＜15m 的岩质边坡工程和高度＜10m 的土质边坡工程，其他工程中边坡高度＜30m 的岩质边坡工程和高度＜15m 的土质边坡工程，中桥、中型立交桥，中型竖井、巷道、平洞、隧道，中型地下洞室、地下储库工程，中型基础托换、基础补强工程，Ⅱ级垃圾填埋场，三级工业废渣堆场； （3）中型沉井、沉箱，安全等级为二级的桩基、墩基，中型桥梁基础； （4）其他工程设计规模为中型的建设项目	1. 按《岩土工程勘察规范》GB 50021 岩土工程勘察等级为丙级的工程。 2. 下列工程项目的岩土工程勘察： （1）按《建筑地基基础设计规范》GB 50007 地基基础设计等级为丙级的工程项目； （2）小桥、涵洞，安全等级为三级的桩基、墩基、Ⅲ级垃圾填埋场，四、五级工业废渣堆场； （3）其他工程设计规模为小型的建设项目

序号	项目名称		项目规模		
			甲级	乙级	丙级
1	岩土工程	岩土工程设计	1. 国家重点项目的岩土工程设计。 2. 安全等级为一级、二级的基坑工程,安全等级为一级、二级的边坡工程。 3. 一般土层处理后地基承载力达到300kPa及以上的地基处理设计,特殊性岩土作为中型及以上建筑物的地基持力层的地基处理设计。 4. 不良地质作用和地质灾害的治理设计。 5. 复杂程度按有关规范规程划分为中等以上或复杂工程项目的岩土工程设计。 6. 建(构)筑物纠偏设计及基础托换设计,建(构)筑物沉降控制设计。 7. 填海工程的岩土工程设计。 8. 其他勘察等级为甲、乙级工程的岩土工程设计	1. 安全等级为三级的基坑工程,安全等级为三级的边坡工程。 2. 一般土层处理后地基承载力300kPa以下的地基处理设计,特殊性岩土作为小型建筑物地基持力层的地基处理设计。 3. 复杂程度按有关规范规程划分为简单工程项目的岩土工程设计。 4. 其他勘察等级为丙级工程的岩土工程设计	
		岩土工程物探测试检测监测	1. 国家重点项目和有特殊要求的岩土工程物探、测试、检测、监测。 2. 大型跨江、跨海桥梁桥址的工程物探,桥桩基测试、检测,岩溶地区、水域工程物探,复杂地质和地形条件下探查地下目的物的深度和精度要求较高的工程物探。 3. 地铁、轻轨、隧道工程,水利水电工程和高速公路工程的岩土工程物探、测试、检测、监测。 4. 安全等级为一级的基坑工程、边坡工程的监测。 5. 建筑物纠偏、加固工程中的岩土工程监测,重特大抢险工程的岩土工程监测。 6. 一般土层处理后,地基承载力达到300kPa及以上的地基处理监测,单桩最大加载在10000kN及以上的桩基检测。 7. 按《岩土工程勘察规范》GB 50021岩土工程勘察等级为甲级的工程项目涉及的波速测试、地脉动测试。 8. 块体基础振动测试	1. 安全等级为二、三级的基坑工程、边坡工程的监测。 2. 一般土层处理后,地基承载力300kPa以下的地基处理检测,单桩最大加载在10000kN以下的桩基检测。 3. 独立的岩土工程物探、测试、检测项目,无特殊要求的岩土工程监测项目。 4. 按《岩土工程勘察规范》GB 50021岩土工程勘察等级为乙级及以下的工程项目涉及的波速测试、地脉动测试	

续表

序号	项目名称	项目规模		
		甲级	乙级	丙级
2	水文地质勘察	1. 国家重点项目、国外投资或中外合资项目的水源勘察和评价。 2. 大、中城市规划和大型企业选址的供水水源可行性研究及水资源评价。 3. 供水量10000m³/d 及以上的水源工程勘察和评价。 4. 水文地质条件复杂的水资源勘察和评价。 5. 干旱地区、贫水地区、未开发地区水资源评价。 6. 设计规模为大型的建设项目水文地质勘察。 7. 按照《建筑与市政降水工程技术规范》JGJ/T 111 复杂程度为复杂的降水工程或同等复杂的止水工程	1. 小城市规划和中、小型企业选址的供水水源可行性研究及水资源评价。 2. 供水量2000～10000m³/d 的水源勘察及评价。 3. 水文地质条件中等复杂的水资源勘察和评价。 4. 设计规模为中型的建设项目水文地质勘察。 5. 按照《建筑与市政降水工程技术规范》JGJ/T 111 复杂程度为中等及以下的降水工程或同等复杂的止水工程	1. 水文地质条件简单，供水量2000m³/d 及以下的水源勘察和评价。 2. 设计规模为小型的建设项目水文地质勘察
3	工程测量	1. 国家重点项目的首级控制测量、变形与形变及监测。 2. 三等及以上GNSS控制测量，四等及以上导线测量，二等及以上水准测量。 3. 大、中城市规划定测量线、拨地。 4. 20km² 及以上的大比例尺地形图地形测量。 5. 国家大型、重点、特殊项目精密工程测量。 6. 20km 及以上的线路工程测量。 7. 总长度20km 及以上综合地下管线测量。 8. 以下工程的变形与形变测量：地基基础设计等级为甲级的建筑变形，重要古建筑变形，大型市政桥梁变形，重要管线变形，场地滑坡变形。 9. 大中型、重点、特殊水利水电工程测量。 10. 地铁、轻轨隧道工程测量	1. 四等GNSS控制测量，一、二级导线测量，三、四等水准测量。 2. 小城镇规划定测量线、拨地。 3. 10～20km² 的大比例尺地形图地形测量。 4. 一般工程的精密工程测量。 5. 5～20km 的线路工程测量。 6. 总长度20km 以下综合地下管线测量。 7. 以下工程的变形与形变测量：地基基础设计等级为乙、丙级的建筑变形，地表、道路沉降，中小型市政桥梁变形，一般管线变形。 8. 小型水利水电工程测量	1. 一级、二级GNSS控制测量，三级导线测量，五等水准测量。 2. 10km² 及以下大比例尺地形图地形测量。 3. 5km 及以下线路工程测量。 4. 长度不超过5km 的单一地下管线测量。 5. 水域测量或水利、水电局部工程测量。 6. 其他小型工程或面积较小的施工放样等

（1）工程设计综合甲级资质

承担各行业建设工程项目的设计业务，其规模不受限制；但在承接工程目设计时，须满足《工程设计资质标准》中与该工程项目对应的设计类型对人员配置的要求，承担其取得的施工总承包（施工专业承包）一级资质证书许可范围内的工程施工总承包（施工专业承包）业务。

（2）工程设计行业资质

1）甲级

承担本行业建设工程项目主体工程及其配套工程的设计业务，其规模不受限制。

2）乙级

承担本行业中、小型建设工程项目的主体工程及其配套工程的设计业务。

3）丙级

承担本行业小型建设项目的工程设计业务。

（3）工程设计专业资质

1）甲级

承担本专业建设工程项目主体及其配套工程的设计业务，其规模不受限制。

2）乙级

承担本专业中、小型建设工程项目的主体工程及其配套工程的设计业务。

3）丙级

承担本专业小型建设项目的设计业务

4）丁级（限建筑工程设计）

① 一般公共建筑工程

a. 单体建筑面积 $2000m^2$ 及以下。

b. 建筑高度 12m 及以下。

② 一般住宅工程

a. 单体建筑面积 $2000m^2$ 及以下。

b. 建筑层数 4 层及以下的砌体结构。

③ 厂房和仓库

a. 跨度不超过 12m，单梁式吊车吨位不超过 5t 单层厂房和仓库。

b. 跨度不超过 7.5m，楼盖无动荷载的二层厂房和仓库。

④ 构筑物

a. 套用标准通用图高度不超过 20m 的烟囱。

b. 容量小于 $50m^3$ 的水塔。

c. 容量小于 $300m^3$ 的水池。

d. 直径小于 6m 的料仓。

（4）工程设计专项资质

承担规定的专项工程的设计业务，具体规定见有关专项设计资质标准。

2.1.2.3 施工单位资质

从事通用工业与民用建筑施工的企业分为建筑、设备安装、机械施工三类。

1. 建筑企业

（1）建筑一级企业

1）具有 20 年以上的施工经历，近 15 年承担过两个以上的大型工业建设项目的主体工程施工，工程质量合格；有较强的技术开发能力，近三年内曾获得过两个部或省级以上单位颁发的技术或工程质量奖励。

2）企业经理具有十年以上从事施工企业管理工作的资历；企业具有本专业高级技术

职称的总工程师，高级专业职称的总会计师，中级以上专业职称的总经济师。

3）企业有职称的工程、经济、会计、统计等专业技术人员，占企业年平均职工人数的 8％以上，有职称的工程技术人员占企业年平均职工人数的 4％以上，不少于 160 人；企业所有上岗的施工员、预算员、材料员、安全员和质量检查员，全部持有中级岗位合格证书。

4）企业的固定资产原值在 1500 万元以上，流动资金 400 万元以上。

5）企业年总产值在 4000 万元以上。

（2）建筑二级企业

1）具有 12 年以上的施工经历，近 10 年承担过两个以上中型工业建设项目的主体工程施工，工程质量合格；有一定的技术开发能力，近 3 年内曾获得过部或省级以上单位颁发的技术或工程质量奖励。

2）企业经理具有 8 年以上从事施工企业管理工作的资历；企业具有本专业高级技术职称的总工程师，中级以上专业职称的总会计师，中级以上专业职称的总经济师。

3）企业有职称的工程、经济、会计、统计等专业技术人员，占企业年平均职工人数的 7％以上，有职称的工程技术人员占企业年平均职工人数的 3.5％以上、不少于 70 人；企业所有上岗的施工员、预算员、材料员、安全员和质量检查员，全部持有中级岗位合格证书。

4）企业的固定资产原值在 800 万元以上，流动资金 200 万元以上。

5）企业年总产值在 2000 万元以上。

（3）建筑三级企业

1）具有 8 年以上的施工经历，近五年承担过小型工业建设项目的施工，工程质量合格。

2）企业经理具有五年以上从事施工企业管理工作的资历；企业技术负责人具有本专业工程师以上技术职称，财务负责人具有助理会计师以上职称。

3）企业有职称的工程、经济、会计、统计等专业技术人员，占企业年平均职工人数的 6％以上，有职称的工程技术人员占企业年平均职工人数的 3％以上、不少于 15 人；企业所有上岗的施工员、预算员、财务会计员和质量安全员全部持有初级岗位合格证书。

4）企业的固定资产原值在 150 万元以上，流动资金 40 万元以上。

5）企业年总产值在 500 万元以上。

（4）建筑四级企业

1）具有 4 年以上的施工经历，近 3 年独立承担过 6 层民用建筑工程施工，工程质量合格。

2）企业经理具有 3 年以上从事施工企业管理工作的资历；企业技术负责人具有本专业助理工程师以上技术职称，财务负责人具有会计员以上职称。

3）企业有职称的工程技术人员不少于 5 人；企业所有上岗的施工员、预算员、财务会计员、质量安全员全部持有初级岗位合格证书。

4）企业的固定资产原值在 40 万元以上，流动资金 20 万元以上。

5）企业年总产值在 200 万元以上。

（5）各级建筑企业的营业范围

1）一级企业可承包各种通用工业与民用建设项目的建筑施工。

2）二级企业可承包 30 层以下、30m 跨度以下的房屋建筑，高度 100m 以下的构筑物的建筑施工。

3）三级企业可承包 12 层以下、21m 跨度以下的房屋建筑，高度 50m 以下的水塔、烟囱等构筑物的建筑施工。

4）四级企业可承包 6 层和 15m 跨度以下的民用房屋建筑施工。

2．设备安装企业

（1）设备安装一级企业

1）具有 20 年以上的施工经历，近 15 年承担过两个以上大型工业建设项目的设备安装，工程质量合格。

2）企业经理具有 10 年以上从事施工企业管理工作的资历；企业具有本专业高级技术职称的总工程师，高级专业职称的总会计师，中级以上专业职称的总经济师。

3）企业有职称的工程、经济、会计、统计等专业技术人员，占企业年平均职工人数的 10％以上，有职称的工程技术人员占企业年平均职工人数的 6％以上。

4）企业的固定资产原值在 1500 万元以上，流动资金 400 万元以上；装备有能适应施工需要的专业设备和检验测试手段。

5）企业年总产值在 4000 万元以上。

（2）设备安装二级企业

1）具有 12 年以上的施工经历，近 10 年承担过中型工业建设项目的设备安装，工程质量合格。

2）企业经理具有 8 年以上从事施工企业管理工作的资历；企业具有本专业高级技术职称的总工程师，中级以上专业职称的总会计师，中级以上专业职称的总经济师。

3）企业有职称的工程、经济、会计、统计等专业技术人员，占企业年平均职工人数的 8％以上，有职称的工程技术人员占企业年平均职工人数的 4％以上。

4）企业的固定资产原值在 400 万元以上，流动资金 100 万元以上。

5）企业年总产值在 1000 万元以上。

（3）设备安装三级企业

1）具有 8 年以上的施工经历，近 5 年承担过小型工业建设项目的设备安装，工程质量合格。

2）企业经理具有五年以上从事施工企业管理工作的资历；企业技术负责人具有本专业工程师以上技术职称，财务负责人具有助理会计师以上职称。

3）企业有职称的工程、经济、会计、统计等专业技术人员，占企业年平均职工人数的 6％以上，有职称的工程技术人员占企业年平均职工人数的 3％以上。

4）企业的固定资产原值在 100 万元以上，流动资金 30 万元以上。

5）企业年总产值在 200 万元以上。

（4）各级设备安装企业的营业范围

1）一级企业可承包大型工业建设项目的设备、电器、仪表和大型整体生产装置等的安装。

2）二级企业可承包中型工业建设项目的设备、电器、仪表及生产装置的安装。

3）三级企业可承包通用工业与民用建筑的照明、普通设备及仪表的安装。

3. 机械施工企业

（1）机械施工一级企业

1）具有 20 年以上的施工经历，近 10 年承担过两个以上大型工业建设项目的机械施工，工程质量合格。

2）企业经理具有 10 年以上从事施工企业管理工作的资历；企业具有本专业高级技术职称的总工程师，高级专业职称的总会计师，中级以上专业职称的总经济师。

3）企业有职称的工程、经济、会计、统计等专业技术人员，占企业年平均职工人数的 10% 以上，有职称的工程技术人员占企业年平均职工人数的 6% 以上。

4）企业的固定资产原值在 2000 万元以上，流动资金 400 万元以上。

5）企业年总产值在 1500 万元以上。

（2）机械施工二级企业

1）具有 12 年以上的施工经历，近 5 年承担过两个以上中型工业建设项目的机械施工，工程质量合格。

2）企业经理具有 8 年以上从事施工企业管理工作的资历；企业具有本专业高级技术职称的总工程师，中级以上专业职称的总会计师，中级以上专业职称的总经济师。

3）企业有职称的工程、经济、会计、统计等专业技术人员，占企业年平均职工人数的 8% 以上，有职称的工程技术人员占企业年平均职工人数的 4% 以上。

4）企业的固定资产原值在 600 万元以上，流动资金 80 万元以上。

5）企业年总产值在 500 万元以上。

（3）机械施工三级企业

1）具有 8 年以上的施工经历，近 3 年承担过小型工业建设项目的机械施工，工程质量合格。

2）企业经理具有 6 年以上从事施工企业管理工作的资历；企业技术负责人具有本专业工程师以上技术职称，财务负责人具有助理会计师以上职称。

3）企业有职称的工程、经济、会计、统计等专业技术人员，占企业年平均职工人数的 6% 以上，有职称的工程技术人员占企业年平均职工人数的 3% 以上。

4）企业的固定资产原值在 200 万元以上，流动资金 20 万元以上。

5）企业年总产值在 100 万元以上。

（4）各级机械施工企业的营业范围

1）一级企业可承包各类建设项目的机械施工。

2）二级企业可承包中型工业建设项目的机械施工。

3）三级企业可承包小型工业建设项目的机械施工。

注：本内容参照《施工企业资质等级标准》的规定。

2.1.2.4 监理单位资质

工程监理企业资质分为综合资质、专业资质和事务所三个序列。综合资质只设甲级。专业资质原则上分为甲、乙、丙三个级别，并按照工程性质和技术特点划分为 14 个专业工程类别参见"表 2-4 专业工程类别和等级表"；除房屋建筑、水利水电、公路和市政公用四个专业工程类别设丙级资质外，其他专业工程类别不设丙级资质。事务所不分等级。

1. 综合资质标准

1）具有独立法人资格且注册资本不少于600万元。

2）企业技术负责人应为注册监理工程师，并具有15年以上从事工程建设工作的经历或者具有工程类高级职称。

3）具有5个以上工程类别的专业甲级工程监理资质。

4）注册监理工程师不少于60人，注册造价工程师不少于5人，一级注册建造师、一级注册建筑师、一级注册结构工程师或者其他勘察设计注册工程师合计不少于15人次。

5）企业具有完善的组织结构和质量管理体系，有健全的技术、档案等管理制度。

6）企业具有必要的工程试验检测设备。

7）申请工程监理资质之日前两年内，企业没有违反法律、法规及规章的行为。

8）申请工程监理资质之日前两年内没有因本企业监理责任造成重大质量事故。

9）申请工程监理资质之日前两年内没有因本企业监理责任发生三级以上工程建设重大安全事故或者发生两起以上四级工程建设安全事故。

2. 专业资质标准

（1）甲级

1）具有独立法人资格且注册资本不少于300万元。

2）企业技术负责人应为注册监理工程师，并具有15年以上从事工程建设工作的经历或者具有工程类高级职称。

3）注册监理工程师、注册造价工程师、一级注册建造师、一级注册建筑师、一级注册结构工程师或者其他勘察设计注册工程师合计不少于25人次；其中，相应专业注册监理工程师不少于"表2-5　专业资质注册监理工程师人数配备表"中要求配备的人数，注册造价工程师不少于2人。

4）企业近2年内独立监理过3个以上相应专业的二级工程项目，但是，具有甲级设计资质或一级及以上施工总承包资质的企业申请本专业工程类别甲级资质的除外。

5）企业具有完善的组织结构和质量管理体系，有健全的技术、档案等管理制度。

6）企业具有必要的工程试验检测设备。

7）申请工程监理资质之日前两年内，企业没有违反法律、法规及规章的行为。

8）申请工程监理资质之日前两年内没有因本企业监理责任造成重大质量事故。

9）申请工程监理资质之日前两年内没有因本企业监理责任发生三级以上工程建设重大安全事故或者发生两起以上四级工程建设安全事故。

（2）乙级

1）具有独立法人资格且注册资本不少于100万元。

2）企业技术负责人应为注册监理工程师，并具有10年以上从事工程建设工作的经历。

3）注册监理工程师、注册造价工程师、一级注册建造师、一级注册建筑师、一级注册结构工程师或者其他勘察设计注册工程师合计不少于15人次。其中，相应专业注册监理工程师不少于"表2-5　专业资质注册监理工程师人数配备表"中要求配备的人数，注册造价工程师不少于1人。

4）有较完善的组织结构和质量管理体系，有技术、档案等管理制度。

5）有必要的工程试验检测设备。

6）申请工程监理资质之日前两年内，企业没有违反法律、法规及规章的行为。

7）申请工程监理资质之日前两年内没有因本企业监理责任造成重大质量事故。

8）申请工程监理资质之日前两年内没有因本企业监理责任发生三级以上工程建设重大安全事故或者发生两起以上四级工程建设安全事故。

（3）丙级

1）具有独立法人资格且注册资本不少于 50 万元。

2）企业技术负责人应为注册监理工程师，并具有 8 年以上从事工程建设工作的经历。

3）相应专业的注册监理工程师不少于"表 2-5　专业资质注册监理工程师人数配备表"中要求配备的人数。

4）有必要的质量管理体系、档案管理和规章制度。

5）有必要的工程试验检测设备。

3. 事务所资质标准

1）取得合伙企业营业执照，具有书面合作协议书。

2）合伙人中有不少于 3 名注册监理工程师，合伙人均有 5 年以上从事建设工程监理的工作经历。

3）有固定的工作场所。

4）有必要的质量管理体系、档案管理和规章制度。

5）有必要的工程试验检测设备。

4. 业务范围

1）综合资质

可以承担所有专业工程类别建设工程项目的工程监理业务，以及建设工程的项目管理、技术咨询等相关服务。

2）专业甲级资质

可承担相应专业工程类别建设工程项目的工程监理业务，参见"表 2-4　专业工程类别和等级表"，以及相应类别建设程的项目管理、技术咨询等相关服务。

3）专业乙级资质

可承担相应专业工程类别二级（含二级）以下建设工程项目的工程监理业务，参见"表 2-4　专业工程类别和等级表"，以及相应类别和级别建设工程的项目管理、技术咨询等相关服务。

4）专业丙级资质

可承担相应专业工程类别三级建设工程项目的工程监理业务，参见"表 2-4　专业工程类别和等级表"，以及相应类别和级别建设工程的项目管理、技术咨询等相关服务。

5）事务所资质

可承担三级建设工程项目的工程监理业务，参见"表 2-4　专业工程类别和等级表"，以及相应类别和级别建设工程项目管理、技术咨询等相关服务。但是，国家规定必须实行强制监理的建设工程监理业务除外。

专业工程类别和等级表 表2-4

序号	工程类别		一级	二级	三级
一	房屋建筑工程	一般公共建筑	28层以上;36m跨度以上(轻钢结构除外);单项工程建筑面积3万m²以上	14～28层;24～36m跨度(轻钢结构除外);单项工程建筑面积1万～3万m²	14层以下;24m跨度以下(轻钢结构除外);单项工程建筑面积1万m²以下
		高耸构筑工程	高度120m以上	高度70～120m	高度70m以下
		住宅工程	小区建筑面积12万m²以上;单项工程28层以上	建筑面积6万～12万m²;单项工程14～28层	建筑面积6万m²以下;单项工程14层以下
二	冶炼工程	钢铁冶炼、连铸工程	年产100万t以上;单座高炉炉容1250m³以上;单座公称容量转炉100t以上;电炉50t以上;连铸年产100万t以上或板坯连铸单机1450mm以上	年产100万t以下;单座高炉炉容1250m³以下;单座公称容量转炉100t以下;电炉50t以下;连铸年产100万t以下或板坯连铸单机1450mm以下	
		轧钢工程	热轧年产100万t以上,装备连续、半连续轧机;冷轧带板年产100万t以上,冷轧线材年产30万t以上或装备连续、半连续轧机	热轧年产100万t以下,装备连续、半连续轧机;冷轧带板年产100万t以下,冷轧线材年产30万t以下或装备连续、半连续轧机	
		冶炼辅助工程	炼焦工程年产50万t以上及炭化室高度4.3m以上;单台烧结机100m²以上;小时制氧300m³以上	炼焦工程年产50万t以下或炭化室高度4.3m以下;单台烧结机100m²以下;小时制氧300m³以下	
		有色冶炼工程	有色冶炼年产10万t以上;有色金属加工年产5万t以上;氧化铝工程40万t以上	有色冶炼年产10万t以下;有色金属加工年产5万t以下;氧化铝工程40万t以下	
		建材工程	水泥日产2000t以上;浮化玻璃日熔量400t以上;池窑拉丝玻璃纤维、特种纤维;特种陶瓷生产线工程	水泥日产2000t以下;浮化玻璃日熔量400t以下;普通玻璃生产线;组合炉拉丝玻璃纤维;非金属材料、玻璃钢、耐火材料、建筑及卫生陶瓷厂工程	
三	矿山工程	煤矿工程	年产120万t以上的井工矿工程;年产120万t以上的洗选煤工程;深度800m以上的立井井筒工程;年产400万t以上的露天矿山工程	年产120万t以下的井工矿工程;年产120万t以下的洗选煤工程;深度800m以下的立井井筒工程;年产400万t以下的露天矿山工程	
		冶金矿山工程	年产100万t以上的黑色矿山采选工程;年产100万t以上的有色砂矿采、选工程;年产60万t以上的有色脉矿采、选工程	年产100万t以下的黑色矿山采选工程;年产100万t以下的有色砂矿采、选工程;年产60万t以下的有色脉矿采、选工程	

续表

序号	工程类别		一级	二级	三级
三	矿山工程	化工矿山工程	年产 60 万 t 以上的磷矿、硫铁矿工程	年产 60 万 t 以下的磷矿、硫铁矿工程	
		铀矿工程	年产 10 万 t 以上的铀矿；年产 200t 以上的铀选冶	年产 10 万 t 以下的铀矿；年产 200t 以下的铀选冶	
		建材类非金属矿工程	年产 70 万 t 以上的石灰石矿；年产 30 万 t 以上的石膏矿、石英砂岩矿	年产 70 万 t 以下的石灰石矿；年产 30 万 t 以下的石膏矿、石英砂岩矿	
四	化工石油工程	油田工程	原油处理能力 150 万 t/年以上、天然气处理能力 150 万 m³/d 以上、产能 50 万 t 以上及配套设施	原油处理能力 150 万 t/年以下、天然气处理能力 150 万 m³/d 以下、产能 50 万 t 以下及配套设施	
		油气储运工程	压力容器 8MPa 以上；油气储罐 10 万 m³/台以上；长输管道 120km 以上	压力容器 8MPa 以下；油气储罐 10 万 m³/台以下；长输管道 120km 以下	
		炼油化工工程	原油处理能力在 500 万 t/年以上的一次加工及相应二次加工装置和后加工装置	原油处理能力在 500 万 t/年以下的一次加工及相应二次加工装置和后加工装置	
		基本原材料工程	年产 30 万 t 以上的乙烯工程；年产 4 万 t 以上的合成橡胶、合成树脂及塑料和化纤工程	年产 30 万 t 以下的乙烯工程；年产 4 万 t 以下的合成橡胶、合成树脂及塑料和化纤工程	
		化肥工程	年产 20 万 t 以上合成氨及相应后加工装置；年产 24 万 t 以上磷氨工程	年产 20 万 t 以下合成氨及相应后加工装置；年产 24 万 t 以下磷氨工程	
		酸碱工程	年产硫酸 16 万 t 以上；年产烧碱 8 万 t 以上；年产纯碱 40 万 t 以上	年产硫酸 16 万 t 以下；年产烧碱 8 万 t 以下；年产纯碱 40 万 t 以下	
		轮胎工程	年产 30 万套以上	年产 30 万套以下	
		核化工及加工工程	年产 1000t 以上的铀转换化工工程；年产 100t 以上的铀浓缩工程；总投资 10 亿元以上的乏燃料后处理工程；年产 200t 以上的燃料元件加工工程；总投资 5000 万元以上的核技术及同位素应用工程	年产 1000t 以下的铀转换化工工程；年产 100t 以下的铀浓缩工程；总投资 10 亿元以下的乏燃料后处理工程；年产 200t 以下的燃料元件加工工程；总投资 5000 万元以下的核技术及同位素应用工程	
		医药及其他化工工程	总投资 1 亿元以上	总投资 1 亿元以下	

序号	工程类别		一级	二级	三级
五	水利水电工程	水库工程	总库容1亿m³以上	总库容1000万~1亿m³	总库容1000万m³以下
		水力发电站工程	总装机容量300MW以上	总装机容量50~300MW	总装机容量50MW以下
		其他水利工程	引调水堤防等级1级;灌溉排涝流量5m³/s以上;河道整治面积30万亩以上;城市防洪城市人口50万人以上;围垦面积5万亩以上;水土保持综合治理面积1000km²以上	引调水堤防等级2、3级;灌溉排涝流量0.5~5m³/s;河道整治面积3万~30万亩;城市防洪城市人口20万~50万人;围垦面积0.5万~5万亩;水土保持综合治理面积100~1000km²	引调水堤防等级4、5级;灌溉排涝流量0.5m³/s以下;河道整治面积3万亩以下;城市防洪城市人口20万人以下;围垦面积0.5万亩以下;水土保持综合治理面积100km²以下
六	电力工程	火力发电站工程	单机容量30万kW以上	单机容量30万kW以下	
		输变电工程	330kV以上	330kV以下	
		核电工程	核电站;核反应堆工程		
七	农林工程	林业局(场)总体工程	面积35万ha以上	面积35万ha以下	
		林产工业工程	总投资5000万元以上	总投资5000万元以下	
		农业综合开发工程	总投资3000万元以上	总投资3000万元以下	
		种植业工程	2万亩以上或总投资1500万元以上	2万亩以下或总投资1500万元以下	
		兽医/畜牧工程	总投资1500万元以上	总投资1500万元以下	
		渔业工程	渔港工程总投资3000万元以上;水产养殖等其他工程总投资1500万元以上	渔港工程总投资3000万元以下;水产养殖等其他工程总投资1500万元以下	
		设施农业工程	设施园艺工程1ha以上;农产品加工等其他工程总投资1500万元以上	设施园艺工程1ha以下;农产品加工等其他工程总投资1500万元以下	
		核设施退役及放射性三废处理处置工程	总投资5000万元以上	总投资5000万元以下	
八	铁路工程	铁路综合工程	新建、改建一级干线;单线铁路40km以上;双线30km以上及枢纽	单线铁路40km以下;双线30km以下;二级干线及站线;专用线、专用铁路	
		铁路桥梁工程	桥长500m以上	桥长500m以下	
		铁路隧道工程	单线3000m以上;双线1500m以上	单线3000m以下;双线1500m以下	

序号	工程类别		一级	二级	三级
八	铁路工程	铁路通信、信号、电力电气化工程	新建、改建铁路(含枢纽、配、变电所、分区亭)单双线200km及以上	新建、改建铁路(不含枢纽、配、变电所、分区亭)单双线200km及以下	
九	公路工程	公路工程	高速公路	高速公路路基工程及一级公路	一级公路路基工程及二级以下各公路
		公路桥梁工程	独立大桥工程;特大桥总长1000m以上或单跨跨径150m以上	大桥、中桥桥梁总长30～1000m或单跨跨径20～150m	小桥总长30m以下或单跨跨径20m以下;涵洞工程
		公路隧道工程	隧道长度1000m以上	隧道长度500～1000m	隧道长度500m以下
		其他工程	通信、监控、收费等机电工程;高速公路交通安全设施、环保工程和沿线附属设施	一级公路交通安全设施、环保工程和沿线附属设施	二级及以下公路交通安全设施、环保工程和沿线附属设施
十	港口与航道工程	港口工程	集装箱、件杂、多用途等沿海港口工程20000吨级以上;散货、原油沿海港口工程30000吨级以上;1000吨级以上内河港口工程	集装箱、件杂、多用途等沿海港口工程20000吨级以下;散货、原油沿海港口工程30000吨级以下;1000吨级以下内河港口工程	
		通航建筑与整治工程	1000吨级以上	1000吨级以下	
		航道工程	通航30000吨级以上船舶沿海复杂航道;通航1000吨级以上船舶的内河航运工程项目	通航30000吨级以下船舶沿海航道;通航1000吨级以下船舶的内河航运工程项目	
		修造船水工工程	10000吨位以上的船坞工程;船体重量5000吨位以上的船台、滑道工程	10000吨位以下的船坞工程;船体重量5000吨位以下的船台、滑道工程	
		防波堤、导流堤等水工工程	最大水深6m以上	最大水深6m以下	
		其他水运工程项目	建安工程费6000万元以上的沿海水运工程项目;建安工程费4000万元以上的内河水运工程项目	建安工程费6000万元以下的沿海水运工程项目;建安工程费4000万元以下的内河水运工程项目	
十一	航天航空工程	民用机场工程	飞行区指标为4E及以上及其配套工程	飞行区指标为4D及以下及其配套工程	
		航空飞行器	航空飞行器(综合)工程总投资1亿元以上;航空飞行器(单项)工程总投资3000万元以上	航空飞行器(综合)工程总投资1亿元以下;航空飞行器(单项)工程总投资3000万元以下	

续表

序号	工程类别		一级	二级	三级
十一	航天航空工程	航天空间飞行器	工程总投资 3000 万元以上；面积 3000m² 以上；跨度 18m 以上	工程总投资 3000 万元以下；面积 3000m² 以下；跨度 18m 以下	
十二	通信工程	有线、无线传输通信工程，卫星、综合布线	省际通信、信息网络工程	省内通信、信息网络工程	
		邮政、电信、广播枢纽及交换工程	省会城市邮政、电信枢纽	地市级城市邮政、电信枢纽	
		发射台工程	总发射功率 500kW 以上短波或 600kW 以上中波发射台；高度 200m 以上广播电视发射塔	总发射功率 500kW 以下短波或 600kW 以下中波发射台；高度 200m 以下广播电视发射塔	
十三	市政公用工程	城市道路工程	城市快速路、主干路，城市互通式立交桥及单孔跨径 100m 以上桥梁；长度 1000m 以上的隧道工程	城市次干路工程，城市分离式立交桥及单孔跨径 100m 以下的桥梁；长度 1000m 以下的隧道工程	城市支路工程、过街天桥及地下通道工程
		给水排水工程	10 万 t/d 以上的给水厂；5 万 t/d 以上污水处理工程；3m³/s 以上的给水、污水泵站；15m³/s 以上的雨泵站；直径 2.5m 以上的给水排水管道	2 万～10 万 t/d 的给水厂；1 万～5 万 t/d 污水处理工程；1～3m³/s 的给水、污水泵站；5～15m³/s 的雨泵站；直径 1～2.5m 的给水管道；直径 1.5～2.5m 的排水管道	2 万 t/d 以下的给水厂；1 万 t/d 以下污水处理工程；1m³/s 以下的给水、污水泵站；5m³/s 以下的雨泵站；直径 1m 以下的给水管道；直径 1.5m 以下的排水管道
		燃气热力工程	总储存容积 1000m³ 以上液化气贮罐场(站)；供气规模 15 万 m³/d 以上的燃气工程；中压以上的燃气管道、调压站；供热面积 150 万 m² 以上的热力工程	总储存容积 1000m³ 以下的液化气贮罐场(站)；供气规模 15 万 m³/d 以下的燃气工程；中压以下的燃气管道、调压站；供热面积 50 万～150 万 m² 的热力工程	供热面积 50 万 m² 以下的热力工程
		垃圾处理工程	1200t/d 以上的垃圾焚烧和填埋工程	500～1200t/d 的垃圾焚烧及填埋工程	500t/d 以下的垃圾焚烧及填埋工程
		地铁轻轨工程	各类地铁轻轨工程		
		风景园林工程	总投资 3000 万元以上	总投资 1000 万～3000 万元	总投资 1000 万元以下

续表

序号	工程类别	一级	二级	三级
十四	机电安装工程	机械工程	总投资5000万元以上	总投资5000万元以下	
		电子工程	总投资1亿元以上；含有净化级别6级以上的工程	总投资1亿元以下；含有净化级别6级以下的工程	
		轻纺工程	总投资5000万元以上	总投资5000万元以下	
		兵器工程	建安工程费3000万元以上的坦克装甲车辆、炸药、弹箭工程；建安工程费2000万元以上的枪炮、光电工程；建安工程费1000万元以上的防化民爆工程	建安工程费3000万元以下的坦克装甲车辆、炸药、弹箭工程；建安工程费2000万元以下的枪炮、光电工程；建安工程费1000万元以下的防化民爆工程	
		船舶工程	船舶制造工程总投资1亿元以上；船舶科研、机械、修理工程总投资5000万元以上	船舶制造工程总投资1亿元以下；船舶科研、机械、修理工程总投资5000万元以下	
		其他工程	总投资5000万元以上	总投资5000万元以下	

注：1. 表中的"以上"含本数，"以下"不含本数。
　　2. 未列入本表中的其他专业工程，由国务院有关部门按照有关规定在相应的工程类别中划分等级。
　　3. 房屋建筑工程包括结合城市建设与民用建筑修建的附建人防工程。

专业资质注册监理工程师人数配备表（单位：人）　　表2-5

序号	工程类别	甲级	乙级	丙级
1	房屋建筑工程	15	10	5
2	冶炼工程	15	10	
3	矿山工程	20	12	
4	化工石油工程	15	10	
5	水利水电工程	20	12	5
6	电力工程	15	10	
7	农林工程	15	10	
8	铁路工程	23	14	
9	公路工程	20	12	5
10	港口与航道工程	20	12	
11	航天航空工程	20	12	
12	通信工程	20	12	
13	市政公用工程	15	10	5
14	机电安装工程	15	10	

注：1. 表中各专业资质注册监理工程师人数配备是指企业取得本专业工程类别注册的注册监理工程师人数。
　　2. 本内容参照《工程监理企业资质标准》的规定。

2.1.2.5 检测单位资质

(1) 专项检测机构和见证取样检测机构应满足下列基本条件：

1) 专项检测机构的注册资本不少于100万元人民币，见证取样检测机构不少于80万元人民币；

2) 所申请检测资质对应的项目应通过计量认证；

3) 有质量检测、施工、监理或设计经历，并接受了相关检测技术培训的专业技术人员不少于10人；边远的县（区）的专业技术人员可不少于6人；

4) 有符合开展检测工作所需的仪器、设备和工作场所；其中，使用属于强制检定的计量器具，要经过计量检定合格后，方可使用；

5) 有健全的技术管理和质量保证体系。

(2) 专项检测机构除应满足基本条件外，还需满足下列条件：

1) 地基基础工程检测类

专业技术人员中从事工程桩检测工作3年以上并具有高级或者中级职称的不得少于4名，其中1人应当具备注册岩土工程师资格。

2) 主体结构工程检测类

专业技术人员中从事结构工程检测工作3年以上并具有高级或者中级职称的不得少于4名，其中1人应当具备二级注册结构工程师资格。

3) 建筑幕墙工程检测类

专业技术人员中从事建筑幕墙检测工作3年以上并具有高级或者中级职称的不得少于4名。

4) 钢结构工程检测类

专业技术人员中从事钢结构机械连接检测、钢网架结构变形检测工作3年以上并具有高级或者中级职称的不得少于4名，其中1人应当具备二级注册结构工程师资格。

(3) 见证取样检测机构除应满足基本条件外，专业技术人员中从事检测工作3年以上并具有高级或者中级职称的不得少于3名；边远的县（区）可不少于2人。

注：本内容参照《建设工程质量检测管理办法》的规定。

2.1.2.6 安全生产许可证

1. 安全生产许可证的适用对象

建筑施工企业安全生产许可证的适用对象为：在中华人民共和国境内从事土木工程、建筑工程、线路管道和设备安装工程及装修工程的新建、扩建、改建和拆除等有关活动，依法取得工商行政管理部门颁发的《企业法人营业执照》，符合《建筑施工企业安全生产许可证管理规定》要求的安全生产条件的建筑施工企业。

2. 安全生产许可证的申请与颁发

(1) 建筑施工企业从事建筑施工活动前，应当依照本规定向省级以上建设主管部门申请领取安全生产许可证。

中央管理的建筑施工企业（集团公司、总公司）应当向国务院建设主管部门申请领取安全生产许可证。其他建筑施工企业，包括中央管理的建筑施工企业（集团公司、总公司）下属的建筑施工企业，应当向企业注册所在地省、自治区、直辖市人民政府建设主管部门申请领取安全生产许可证。

（2）建筑施工企业申请安全生产许可证，应当对申请材料实质内容的真实性负责，不得隐瞒有关情况或者提供虚假材料。

（3）建设主管部门应当自受理建筑施工企业的申请之日起 45 日内审查完毕；经审查符合安全生产条件的，颁发安全生产许可证；不符合安全生产条件的，不予颁发安全生产许可证，书面通知企业并说明理由。企业自接到通知之日起应当进行整改，整改合格后方可再次提出申请。

建设主管部门审查建筑施工企业安全生产许可证申请，涉及铁路、交通、水利等有关专业工程时，可以征求铁路、交通、水利等有关部门的意见。

（4）安全生产许可证的有效期为 3 年。安全生产许可证有效期满需要延期的，企业应当于期满前 3 个月向原安全生产许可证颁发管理机关申请办理延期手续。

企业在安全生产许可证有效期内，严格遵守有关安全生产的法律法规，未发生死亡事故的，安全生产许可证有效期届满时，经原安全生产许可证颁发管理机关同意，不再审查，安全生产许可证有效期延期 3 年。

（5）建筑施工企业变更名称、地址、法定代表人等，应当在变更后 10 日内，到原安全生产许可证颁发管理机关办理安全生产许可证变更手续。

（6）建筑施工企业破产、倒闭、撤销的，应当将安全生产许可证交回原安全生产许可证颁发管理机关予以注销。

（7）建筑施工企业遗失安全生产许可证，应当立即向原安全生产许可证颁发管理机关报告，并在公众媒体上声明作废后，方可申请补办。

3. 安全生产许可证的延期

（1）安全生产许可证有效期满前三个月，企业应当向原颁发管理机关提出延期申请。

（2）颁发管理机关对属于本次延期范围且申请材料齐全的企业予以受理；对申请材料不齐全的，当场或者在 5 个工作日内书面形式一次告知企业需要补正的全部内容，企业应及时补正并重新申报；对不属于本次延期范围或者企业隐瞒有关情况、提供虚假材料的，不予受理。

（3）对于需要重新审查的企业，颁发管理机关依据有关法规、规章对企业申请材料进行审查，并应当随机对企业 1 到 2 个在建工程施工现场进行抽查。必要时，可以征求铁道、交通、水利等有关部门意见。

在安全生产许可证有效期届满前，对于不需要进行重新审查和经重新审查合格的，准予安全生产许可证延期；审查不合格的，不予延期，书面通知企业并说明理由，企业自接到通知之日起应当进行整改，整改合格后可再次提出延期申请。

注：本内容参照《建筑施工企业安全生产许可证管理规定实施意见》、《建筑施工企业安全生产许可证管理规定》和《关于建筑施工企业安全生产许可证有效期满延期工作的通知》的规定。

2.1.3 相关负责人负相应责任

📋 《工程质量安全手册》第 2.1.3 条：

建设、勘察、设计、施工、监理等单位的法定代表人应当签署授权委托书，明确各自工程项目负责人。

项目负责人应当签署工程质量终身责任承诺书。

法定代表人和项目负责人在工程设计使用年限内对工程质量承担相应责任。

实施细则：

法定代表人是指依法代表法人行使民事权利，履行民事义务的主要负责人。法定代表人与法人的代表是有一定区别的，代表人的行为不是被代表人本身的行为，只是对被代理人发生直接的法律效力，而法定代表人的行为，就是企业、事业单位等本身的行为。

建筑施工企业项目负责人，是指由企业法定代表人授权，负责建设工程项目管理的负责人。

注：本内容参照《中华人民共和国民事诉讼法》第四十八条的规定。

2.1.4　技术人员承担相应责任

《工程质量安全手册》第2.1.4条：

从事工程建设活动的专业技术人员应当在注册许可范围和聘用单位业务范围内从业，对签署技术文件的真实性和准确性负责，依法承担质量安全责任。

实施细则：

随着建筑业管理体制改革的深化，我国正在逐步实行建筑从业单位资质管理和建筑执业人员注册资格管理，以全面提高建筑从业队伍和人员的素质。

（1）从事工程建设活动的专业技术人员包括：

1）依法通过考核认定或考试合格取得中华人民共和国执业资格证书后按规定经注册从事相关执业活动的工程建设类注册执业人员。

当前，我国工程建设类注册执业人员主要包括建筑师、勘察设计工程师、建造师、监理工程师、造价工程师等。国务院建设主管部门和省级建设主管部门依据法律法规、按照职责分工对相关注册执业人员的注册、执业活动实施统一监督管理。

2）依法经国务院人事主管部门授权的部门、行业或中央企业、省级专业技术职称评审机构评审取得工程建设类专业技术职称的人员。职称等级包括初级、中级、高级。

3）在建设工程各有关单位中参与工程建设活动相关专业技术工作或专业技术管理工作岗位的其他专业人员。

（2）专业技术人员从事工程建设活动时不得超越其本人依法取得的注册执业资格证书、专业技术职称证书或专业技术管理岗位证书所载明的专业范围或许可范围，同时专业技术人员从事工程建设活动的专业范围不得超越其聘用单位的营业范围及企业专业资质许可范围。

（3）专业技术人员应按规定对工程建设活动中形成的有关管理文件签字及加盖执业印章，对签署的技术文件的真实性和准确性负责，依法承担相关质量责任。

注：本内容参照《北京市建设工程质量条例》宣贯的规定。

2.1.5 负责人应安全考核合格

《工程质量安全手册》第 2.1.5 条：

施工企业主要负责人、项目负责人及专职安全生产管理人员应当取得安全生产考核合格证书。

实施细则：

企业主要负责人，是指对本企业生产经营活动和安全生产工作具有决策权的领导人员。

项目负责人，是指取得相应注册执业资格，由企业法定代表人授权，负责具体工程项目管理的人员。

专职安全生产管理人员，是指在企业专职从事安全生产管理工作的人员，包括企业安全生产管理机构的人员和工程项目专职从事安全生产管理工作的人员。

国务院住房城乡建设主管部门负责对全国"安管人员"安全生产工作进行监督管理。

县级以上地方人民政府住房城乡建设主管部门负责对本行政区域内"安管人员"安全生产工作进行监督管理。

注：本内容参照《建筑施工企业主要负责人、项目负责人和专职安全生产管理人员安全生产管理规定》的规定。

2.1.6 一线作业人员教育培训

《工程质量安全手册》第 2.1.6 条：

工程一线作业人员应当按照相关行业职业标准和规定经培训考核合格，特种作业人员应当取得特种作业操作资格证书。工程建设有关单位应当建立健全一线作业人员的职业教育、培训制度，定期开展职业技能培训。

实施细则：

（1）建筑施工特种作业人员：

建筑施工特种作业人员是指在房屋建筑和市政工程施工活动中，从事可能对本人、他人及周围设备设施的安全造成重大危害作业的人员。建筑施工特种作业包括：

1）建筑电工；

2）建筑架子工；

3）建筑起重信号司索工；

4）建筑起重机械司机；

5）建筑起重机械安装拆卸工；

6）高处作业吊篮安装拆卸工；

7）经省级以上人民政府建设主管部门认定的其他特种作业。

（2）申请从事建筑施工特种作业的人员，应当具备下列基本条件：

1）年满 18 周岁且符合相关工种规定的年龄要求；

2）经医院体检合格且无妨碍从事相应特种作业的疾病和生理缺陷；

3）初中及以上学历；

4）符合相应特种作业需要的其他条件。

建筑施工特种作业人员必须经建设主管部门考核合格，取得建筑施工特种作业人员操作资格证书，方可上岗从事相应作业。

注：本内容参照《建筑施工特种作业人员管理规定》第三条至第八条的规定。

2.1.7 危险性较大工程的管理

📋《工程质量安全手册》第 2.1.7 条：

建设、勘察、设计、施工、监理、监测等单位应当建立完善危险性较大的分部分项工程管理责任制，落实安全管理责任，严格按照相关规定实施危险性较大的分部分项工程清单管理、专项施工方案编制及论证、现场安全管理等制度。

📋实施细则：

危险性较大的分部分项工程（简称"危大工程"），是指房屋建筑和市政基础设施工程在施工过程中，容易导致人员群死群伤或者造成重大经济损失的分部分项工程。

国务院住房城乡建设主管部门负责全国危大工程安全管理的指导监督。县级以上地方人民政府住房城乡建设主管部门负责本行政区域内危大工程的安全监督管理。

1. 危险性较大的分部分项工程范围

（1）基坑工程

1）开挖深度超过 3m（含 3m）的基坑（槽）的土方开挖、支护、降水工程。

2）开挖深度虽未超过 3m，但地质条件、周围环境和地下管线复杂，或影响毗邻建、构筑物安全的基坑（槽）的土方开挖、支护、降水工程。

（2）模板工程及支撑体系

1）各类工具式模板工程：包括滑模、爬模、飞模、隧道模等工程。

2）混凝土模板支撑工程：搭设高度 5m 及以上，或搭设跨度 10m 及以上，或施工总荷载（荷载效应基本组合的设计值，以下简称设计值）10kN/m² 及以上，或集中线荷载（设计值）15kN/m 及以上，或高度大于支撑水平投影宽度且相对独立无联系构件的混凝土模板支撑工程。

3）承重支撑体系：用于钢结构安装等满堂支撑体系。

（3）起重吊装及起重机械安装拆卸工程

1）采用非常规起重设备、方法，且单件起吊重量在 10kN 及以上的起重吊装工程。

2）采用起重机械进行安装的工程。

3）起重机械安装和拆卸工程。

（4）脚手架工程

1）搭设高度24m及以上的落地式钢管脚手架工程（包括采光井、电梯井脚手架）。

2）附着式升降脚手架工程。

3）悬挑式脚手架工程。

4）高处作业吊篮。

5）卸料平台、操作平台工程。

6）异型脚手架工程。

（5）拆除工程

可能影响行人、交通、电力设施、通信设施或其他建、构筑物安全的拆除工程。

（6）暗挖工程

采用矿山法、盾构法、顶管法施工的隧道、洞室工程。

（7）其他

1）建筑幕墙安装工程。

2）钢结构、网架和索膜结构安装工程。

3）人工挖孔桩工程。

4）水下作业工程。

5）装配式建筑混凝土预制构件安装工程。

6）采用新技术、新工艺、新材料、新设备可能影响工程施工安全，尚无国家、行业及地方技术标准的分部分项工程。

2. 超过一定规模的危险性较大的分部分项工程范围

（1）深基坑工程

开挖深度超过5m（含5m）的基坑（槽）的土方开挖、支护、降水工程。

（2）模板工程及支撑体系

1）各类工具式模板工程：包括滑模、爬模、飞模、隧道模等工程。

2）混凝土模板支撑工程：搭设高度8m及以上，或搭设跨度18m及以上，或施工总荷载（设计值）15kN/m²及以上，或集中线荷载（设计值）20kN/m及以上。

3）承重支撑体系：用于钢结构安装等满堂支撑体系，承受单点集中荷载7kN及以上。

（3）起重吊装及起重机械安装拆卸工程

1）采用非常规起重设备、方法，且单件起吊重量在100kN及以上的起重吊装工程。

2）起重量300kN及以上，或搭设总高度200m及以上，或搭设基础标高在200m及以上的起重机械安装和拆卸工程。

（4）脚手架工程

1）搭设高度50m及以上的落地式钢管脚手架工程。

2）提升高度在150m及以上的附着式升降脚手架工程或附着式升降操作平台工程。

3）分段架体搭设高度20m及以上的悬挑式脚手架工程。

（5）拆除工程

1）码头、桥梁、高架、烟囱、水塔或拆除中容易引起有毒有害气（液）体或粉尘扩散、易燃易爆事故发生的特殊建、构筑物的拆除工程。

2）文物保护建筑、优秀历史建筑或历史文化风貌区影响范围内的拆除工程。

（6）暗挖工程

采用矿山法、盾构法、顶管法施工的隧道、洞室工程。

（7）其他

1）施工高度50m及以上的建筑幕墙安装工程。

2）跨度36m及以上的钢结构安装工程，或跨度60m及以上的网架和索膜结构安装工程。

3）开挖深度16m及以上的人工挖孔桩工程。

4）水下作业工程。

5）重量1000kN及以上的大型结构整体顶升、平移、转体等施工工艺。

6）采用新技术、新工艺、新材料、新设备可能影响工程施工安全，尚无国家、行业及地方技术标准的分部分项工程。

3．前期保障

（1）建设单位应当依法提供真实、准确、完整的工程地质、水文地质和工程周边环境等资料。

（2）勘察单位应当根据工程实际及工程周边环境资料，在勘察文件中说明地质条件可能造成的工程风险。

设计单位应当在设计文件中注明涉及危大工程的重点部位和环节，提出保障工程周边环境安全和工程施工安全的意见，必要时进行专项设计。

（3）建设单位应当组织勘察、设计等单位在施工招标文件中列出危大工程清单，要求施工单位在投标时补充完善危大工程清单并明确相应的安全管理措施。

（4）建设单位应当按照施工合同约定及时支付危大工程施工技术措施费以及相应的安全防护文明施工措施费，保障危大工程施工安全。

（5）建设单位在申请办理安全监督手续时，应当提交危大工程清单及其安全管理措施等资料。

4．专项施工方案编制及论证

（1）专项施工方案的编制

施工单位应当在危大工程施工前组织工程技术人员编制专项施工方案。

实行施工总承包的，专项施工方案应当由施工总承包单位组织编制。危大工程实行分包的，专项施工方案可以由相关专业分包单位组织编制。

专项施工方案应当由施工单位技术负责人审核签字、加盖单位公章，并由总监理工程师审查签字、加盖执业印章后方可实施。

危大工程实行分包并由分包单位编制专项施工方案的，专项施工方案应当由总承包单位技术负责人及分包单位技术负责人共同审核签字并加盖单位公章。

（2）专项施工方案内容

危大工程专项施工方案的主要内容应当包括：

1）工程概况：危大工程概况和特点、施工平面布置、施工要求和技术保证条件；

2）编制依据：相关法律、法规、规范性文件、标准、规范及施工图设计文件、施工组织设计等；

3）施工计划：包括施工进度计划、材料与设备计划；

4）施工工艺技术：技术参数、工艺流程、施工方法、操作要求、检查要求等；

5）施工安全保证措施：组织保障措施、技术措施、监测监控措施等；

6）施工管理及作业人员配备和分工：施工管理人员、专职安全生产管理人员、特种作业人员、其他作业人员等；

7）验收要求：验收标准、验收程序、验收内容、验收人员等；

8）应急处置措施；

9）计算书及相关施工图纸。

（3）专项施工方案的论证

1）对于超过一定规模的危大工程，施工单位应当组织召开专家论证会对专项施工方案进行论证。实行施工总承包的，由施工总承包单位组织召开专家论证会。专家论证前专项施工方案应当通过施工单位审核和总监理工程师审查。

专家应当从地方人民政府住房城乡建设主管部门建立的专家库中选取，符合专业要求且人数不得少于5名。与本工程有利害关系的人员不得以专家身份参加专家论证会。

2）专家论证会后，应当形成论证报告，对专项施工方案提出通过、修改后通过或者不通过的一致意见。专家对论证报告负责并签字确认。

专项施工方案经论证需修改后通过的，施工单位应当根据论证报告修改完善后，重新履行论证的程序。专项施工方案经论证不通过的，施工单位修改后应当按照规定的要求重新组织专家论证。

（4）专家论证会参会人员

超过一定规模的危大工程专项施工方案专家论证会的参会人员应当包括：

1）专家；

2）建设单位项目负责人；

3）有关勘察、设计单位项目技术负责人及相关人员；

4）总承包单位和分包单位技术负责人或授权委派的专业技术人员、项目负责人、项目技术负责人、专项施工方案编制人员、项目专职安全生产管理人员及相关人员；

5）监理单位项目总监理工程师及专业监理工程师。

（5）关于专家论证内容

对于超过一定规模的危大工程专项施工方案，专家论证的主要内容应当包括：

1）专项施工方案内容是否完整、可行；

2）专项施工方案计算书和验算依据、施工图是否符合有关标准规范；

3）专项施工方案是否满足现场实际情况，并能够确保施工安全。

（6）关于专项施工方案修改

超过一定规模的危大工程专项施工方案经专家论证后结论为"通过"的，施工单位可参考专家意见自行修改完善；结论为"修改后通过"的，专家意见要明确具体修改内容，施工单位应当按照专家意见进行修改，并履行有关审核和审查手续后方可实施，修改情况应及时告知专家。

5. 现场安全管理

（1）施工单位应当在施工现场显著位置公告危大工程名称、施工时间和具体责任人员，并在危险区域设置安全警示标志。

（2）专项施工方案实施前，编制人员或者项目技术负责人应当向施工现场管理人员进行方案交底。

施工现场管理人员应当向作业人员进行安全技术交底，并由双方和项目专职安全生产管理人员共同签字确认。

（3）施工单位应当严格按照专项施工方案组织施工，不得擅自修改专项施工方案。

因规划调整、设计变更等原因确需调整的，修改后的专项施工方案应当按照规定重新审核和论证。涉及资金或者工期调整的，建设单位应当按照约定予以调整。

（4）施工单位应当对危大工程施工作业人员进行登记，项目负责人应当在施工现场履职。

项目专职安全生产管理人员应当对专项施工方案实施情况进行现场监督，对未按照专项施工方案施工的，应当要求立即整改，并及时报告项目负责人，项目负责人应当及时组织限期整改。

施工单位应当按照规定对危大工程进行施工监测和安全巡视，发现危及人身安全的紧急情况，应当立即组织作业人员撤离危险区域。

（5）监理单位应当结合危大工程专项施工方案编制监理实施细则，并对危大工程施工实施专项巡视检查。

（6）监理单位发现施工单位未按照专项施工方案施工的，应当要求其进行整改；情节严重的，应当要求其暂停施工，并及时报告建设单位。施工单位拒不整改或者不停止施工的，监理单位应当及时报告建设单位和工程所在地住房城乡建设主管部门。

（7）对于按照规定需要进行第三方监测的危大工程，建设单位应当委托具有相应勘察资质的单位进行监测。

监测单位应当编制监测方案。监测方案由监测单位技术负责人审核签字并加盖单位公章，报送监理单位后方可实施。

监测单位应当按照监测方案开展监测，及时向建设单位报送监测成果，并对监测成果负责；发现异常时，及时向建设、设计、施工、监理单位报告，建设单位应当立即组织相关单位采取处置措施。

（8）对于按照规定需要验收的危大工程，施工单位、监理单位应当组织相关人员进行验收。验收合格的，经施工单位项目技术负责人及总监理工程师签字确认后，方可进入下一道工序。

危大工程验收合格后，施工单位应当在施工现场明显位置设置验收标识牌，公示验收时间及责任人员。

（9）危大工程发生险情或者事故时，施工单位应当立即采取应急处置措施，并报告工程所在地住房城乡建设主管部门。建设、勘察、设计、监理等单位应当配合施工单位开展应急抢险工作。

（10）危大工程应急抢险结束后，建设单位应当组织勘察、设计、施工、监理等单位制定工程恢复方案，并对应急抢险工作进行后评估。

（11）施工、监理单位应当建立危大工程安全管理档案。

施工单位应当将专项施工方案及审核、专家论证、交底、现场检查、验收及整改等相关资料纳入档案管理。

监理单位应当将监理实施细则、专项施工方案审查、专项巡视检查、验收及整改等相关资料纳入档案管理。

6. 监督管理

（1）设区的市级以上地方人民政府住房城乡建设主管部门应当建立专家库，制定专家库管理制度，建立专家诚信档案，并向社会公布，接受社会监督。

（2）县级以上地方人民政府住房城乡建设主管部门或者所属施工安全监督机构，应当根据监督工作计划对危大工程进行抽查。

县级以上地方人民政府住房城乡建设主管部门或者所属施工安全监督机构，可以通过政府购买技术服务方式，聘请具有专业技术能力的单位和人员对危大工程进行检查，所需费用向本级财政申请予以保障。

（3）县级以上地方人民政府住房城乡建设主管部门或者所属施工安全监督机构，在监督抽查中发现危大工程存在安全隐患的，应当责令施工单位整改；重大安全事故隐患排除前或者排除过程中无法保证安全的，责令从危险区域内撤出作业人员或者暂时停止施工；对依法应当给予行政处罚的行为，应当依法作出行政处罚决定。

（4）县级以上地方人民政府住房城乡建设主管部门应当将单位和个人的处罚信息纳入建筑施工安全生产不良信用记录。

注：本内容参照《危险性较大的分部分项工程安全管理规定》的规定。

2.1.8 事故和隐患的相应责任

📋《工程质量安全手册》第2.1.8条：

建设、勘察、设计、施工、监理等单位法定代表人和项目负责人应当加强工程项目安全生产管理，依法对安全生产事故和隐患承担相应责任。

📋实施细则：

（1）项目负责人应当按规定实施项目安全生产管理，监控危险性较大分部分项工程，及时排查处理施工现场安全事故隐患，隐患排查处理情况应当记入项目安全管理档案；发生事故时，应当按规定及时报告并开展现场救援。

工程项目实行总承包的，总承包企业项目负责人应当定期考核分包企业安全生产管理情况。

（2）项目专职安全生产管理人员应当每天在施工现场开展安全检查，现场监督危险性较大的分部分项工程安全专项施工方案实施。对检查中发现的安全事故隐患，应当立即处理；不能处理的，应当及时报告项目负责人和企业安全生产管理机构。项目负责人应当及时处理。检查及处理情况应当记入项目安全管理档案。

注：本内容参照《建筑施工企业主要负责人、项目负责人和专职安全生产管理人员安

全生产管理规定》第十八条、第二十条的规定。

2.1.9 竣工验收合格交付使用

📋《工程质量安全手册》第 2.1.9 条：

工程完工后，建设单位应当组织勘察、设计、施工、监理等有关单位进行竣工验收。工程竣工验收合格，方可交付使用。

📋实施细则：

（1）国务院住房和城乡建设主管部门负责全国工程竣工验收的监督管理。

县级以上地方人民政府建设主管部门负责本行政区域内工程竣工验收的监督管理，具体工作可以委托所属的工程质量监督机构实施。

（2）工程竣工验收由建设单位负责组织实施。

（3）工程符合下列要求方可进行竣工验收：

1）完成工程设计和合同约定的各项内容。

2）施工单位在工程完工后对工程质量进行了检查，确认工程质量符合有关法律、法规和工程建设强制性标准，符合设计文件及合同要求，并提出工程竣工报告。工程竣工报告应经项目经理和施工单位有关负责人审核签字。

3）对于委托监理的工程项目，监理单位对工程进行了质量评估，具有完整的监理资料，并提出工程质量评估报告。工程质量评估报告应经总监理工程师和监理单位有关负责人审核签字。

4）勘察、设计单位对勘察、设计文件及施工过程中由设计单位签署的设计变更通知书进行了检查，并提出质量检查报告。质量检查报告应经该项目勘察、设计负责人和勘察、设计单位有关负责人审核签字。

5）有完整的技术档案和施工管理资料。

6）有工程使用的主要建筑材料、建筑构配件和设备的进场试验报告，以及工程质量检测和功能性试验资料。

7）建设单位已按合同约定支付工程款。

8）有施工单位签署的工程质量保修书。

9）对于住宅工程，进行分户验收并验收合格，建设单位按户出具《住宅工程质量分户验收表》。

10）建设主管部门及工程质量监督机构责令整改的问题全部整改完毕。

11）法律、法规规定的其他条件。

（4）工程竣工验收应当按以下程序进行：

1）工程完工后，施工单位向建设单位提交工程竣工报告，申请工程竣工验收。实行监理的工程，工程竣工报告须经总监理工程师签署意见。

2）建设单位收到工程竣工报告后，对符合竣工验收要求的工程，组织勘察、设计、施工、监理等单位组成验收组，制定验收方案。对于重大工程和技术复杂工程，根据需要可邀请有关专家参加验收组。

3）建设单位应当在工程竣工验收 7 个工作日前将验收的时间、地点及验收组名单书面通知负责监督该工程的工程质量监督机构。

4）建设单位组织工程竣工验收。

① 建设、勘察、设计、施工、监理单位分别汇报工程合同履约情况和在工程建设各个环节执行法律、法规和工程建设强制性标准的情况；

② 审阅建设、勘察、设计、施工、监理单位的工程档案资料；

③ 实地查验工程质量；

④ 对工程勘察、设计、施工、设备安装质量和各管理环节等方面作出全面评价，形成经验收组人员签署的工程竣工验收意见。

参与工程竣工验收的建设、勘察、设计、施工、监理等各方不能形成一致意见时，应当协商提出解决的方法，待意见一致后，重新组织工程竣工验收。

（5）工程竣工验收合格后，建设单位应当及时提出工程竣工验收报告。工程竣工验收报告主要包括工程概况，建设单位执行基本建设程序情况，对工程勘察、设计、施工、监理等方面的评价，工程竣工验收时间、程序、内容和组织形式，工程竣工验收意见等内容。

工程竣工验收报告还应附有下列文件：

1）施工许可证。

2）施工图设计文件审查意见。

3）上述"（3）工程符合下列要求方可进行竣工验收"中 2）、3）、4）、8）项规定的文件。

4）验收组人员签署的工程竣工验收意见。

5）法规、规章规定的其他有关文件。

（6）负责监督该工程的工程质量监督机构应当对工程竣工验收的组织形式、验收程序、执行验收标准等情况进行现场监督，发现有违反建设工程质量管理规定行为的，责令改正，并将对工程竣工验收的监督情况作为工程质量监督报告的重要内容。

（7）建设单位应当自工程竣工验收合格之日起 15 日内，依照《房屋建筑和市政基础设施工程竣工验收备案管理办法》（住房和城乡建设部令第 2 号）的规定，向工程所在地的县级以上地方人民政府建设主管部门备案。

注：本内容参照《房屋建筑和市政基础设施工程竣工验收规定》的规定。

2.2 质量行为要求

2.2.1 建设单位质量行为要求

📋 《工程质量安全手册》第 2.2.1 条：

（1）按规定办理工程质量监督手续。

（2）不得肢解发包工程。

（3）不得任意压缩合理工期。

（4）按规定委托具有相应资质的检测单位进行检测工作。

（5）对施工图设计文件报审图机构审查，审查合格方可使用。

（6）对有重大修改、变动的施工图设计文件应当重新进行报审，审查合格方可使用。

（7）提供给监理单位、施工单位经审查合格的施工图纸。

（8）组织图纸会审、设计交底工作。

（9）按合同约定由建设单位采购的建筑材料、建筑构配件和设备的质量应符合要求。

（10）不得指定应由承包单位采购的建筑材料、建筑构配件和设备，或者指定生产厂、供应商。

（11）按合同约定及时支付工程款。

实施细则：

2.2.1.1 办理工程质量监督手续

按规定办理工程质量监督手续。

1. 工程质量监督机构的定位

工程质量监督是为保证公共利益和公众安全，对工程是否执行国家有关法律法规和工程建设强制性标准进行的监督，是政府监管工程质量的重要手段。因此，工程质量监督机构虽然是受政府委托实施质量监督，但履行的是行政管理职能，本质上仍然属于行政执法机构。

《房屋建筑和市政基础设施工程质量监督管理规定》第一条："为了加强房屋建筑和市政基础设施工程质量的监督，保护人民生命和财产安全，规范住房和城乡建设主管部门及工程质量监督机构的质量监督行为，根据《中华人民共和国建筑法》、《建设工程质量管理条例》等有关法律、行政法规，制定本规定。"

《房屋建筑和市政基础设施工程质量监督管理规定》第三条："国务院住房和城乡建设主管部门负责全国房屋建筑和市政基础设施工程质量监督管理工作。

县级以上地方人民政府建设主管部门负责本行政区域内工程质量监督管理工作。

工程质量监督管理的具体工作可以由县级以上地方人民政府建设主管部门委托所属的工程质量监督机构实施。"

部令第一条将住房城乡建设主管部门和工程质量监督机构统称为主管部门，体现了对监督机构行政执法地位的认可。第三条规定"工程质量监督管理的具体工作可以由县级以上地方人民政府建设主管部门委托所属的工程质量监督机构实施。"这遵循了《建设工程质量管理条例》"可以委托"的规定，同时把工程质量监督机构限定为建设主管部门所属，明确了工程质量监督机构是各级建设主管部门下属的单位，是政府机构的一部分，而非社会上的一般中介机构。当然，地方法规也可以作出更明确的规定，如《陕西省建设工程质量和安全生产管理条例》就明确规定"县级以上人民政府建设行政主管部门对行政区域内建设工程质量和安全实施监督管理，其所属的建设工程质量安全监督机构负责具体监督管理工作"。

注：本内容参照《房屋建筑和市政基础设施工程质量监督管理规定》第一条、第三条的规定。

2. 监督机构的主要工作内容包括：

(1) 对责任主体和有关机构履行质量责任的行为的监督检查；

(2) 对工程实体质量的监督检查；

(3) 对施工技术资料、监理资料以及检测报告等有关工程质量的文件和资料的监督检查；

(4) 对工程竣工验收的监督检查；

(5) 对混凝土预制构件及预拌混凝土质量的监督检查；

(6) 对责任主体和有关机构违法、违规行为的调查取证和核实、提出处罚建议或按委托权限实施行政处罚；

(7) 提交工程质量监督报告；

(8) 随时了解和掌握本地区工程质量状况；

(9) 其他内容。

3. 办理质量监督注册手续建设单位所需资料

(1) 施工图设计文件审查报告和批准书；

(2) 中标通知书和施工、监理合同；

(3) 建设单位、施工单位和监理单位工程项目的负责人和机构组成；

(4) 施工组织设计和监理规划（监理实施细则）；

(5) 其他需要的文件资料。

4. 监督机构抽查内容

(1) 对建设单位的抽查：

1) 施工前办理质量监督注册、施工图设计文件审查、施工许可（开工报告）手续情况；

2) 按规定委托监理情况；

3) 组织图纸会审、设计交底、设计变更工作情况；

4) 组织工程质量验收情况；

5) 原设计有重大修改、变动的、施工图设计文件重新报审情况；

6) 及时办理工程竣工验收备案手续情况。

(2) 监督机构应对勘察、设计单位的下列行为进行抽查：

1) 参加地基验槽、基础、主体结构及有关重要部位工程质量验收和工程竣工验收情况；

2) 签发设计修改变更、技术洽商通知情况；

3) 参加有关工程质量问题的处理情况。

(3) 监督机构应对施工单位的下列行为进行抽查：

1) 施工单位资质、项目经理部管理人员的资格、配备及到位情况；主要专业工种操作上岗资格、配备及到位情况；

2）分包单位资质与对分包单位的管理情况；

3）施工组织设计或施工方案审批及执行情况；

4）施工现场施工操作技术规程及国家有关规范、标准的配置情况；

5）工程技术标准及经审查批准的施工图设计文件的实施情况；

6）检验批、分项、分部（子分部）、单位（子单位）工程质量的检验评定情况；

7）质量问题的整改和质量事故的处理情况；

8）技术资料的收集、整理情况。

（4）监督机构应对监理单位的下列行为进行抽查：

1）监理单位资质、项目监理机构的人员资格、配备及到位情况；

2）监理规划、监理实施细则（关键部位和工序的确定及措施）的编制审批内容的执行情况；

3）对材料、构配件、设备投入使用或安装前进行审查情况；

4）对分包单位的资质进行核查情况；

5）见证取样制度的实施情况；

6）对重点部位、关键工序实施旁站监理情况；

7）质量问题通知单签发及质量问题整改结果的复查情况；

8）组织检验批、分项、分部（子分部）工程的质量验收、参与单位（子单位）工程质量的验收情况；

9）监理资料收集整理情况。

（5）监督机构应对工程质量检测单位的下列行为进行抽查：

1）是否超越核准的类别、业务范围承接任务；

2）检测业务基本管理制度情况；

3）检测内容和方法的规范性程度；

4）检测报告形成程序、数据及结论的符合性程度。

注：本内容参照《工程质量监督工作导则》的规定。

2.2.1.2 不得肢解发包

不得肢解发包工程。

（1）所称肢解发包，是指建设单位将应当由一个承包单位完成的建设工程分解成若干部分发包给不同的承包单位的行为。

（2）《中华人民共和国建筑法》提倡对建筑工程实行总承包，禁止将建筑工程肢解发包。

建筑工程的发包单位可以将建筑工程的勘察、设计、施工、设备采购一并发包给一个工程总承包单位，也可以将建筑工程勘察、设计、施工、设备采购的一项或者多项发包给一个工程总承包单位；但是，不得将应当由一个承包单位完成的建筑工程肢解成若干部分发包给几个承包单位。

（3）承包单位将承包的工程转包的，或者违反《中华人民共和国建筑法》规定进行分包的，责令改正，没收违法所得，并处罚款，可以责令停业整顿，降低资质等级；情节严重的，吊销资质证书。

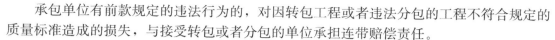

承包单位有前款规定的违法行为的，对因转包工程或者违法分包的工程不符合规定的质量标准造成的损失，与接受转包或者分包的单位承担连带赔偿责任。

（4）违反《建设工程质量管理条例》规定，建设单位将建设工程肢解发包的，责令改正，处工程合同价款百分之零点五以上百分之一以下的罚款；对全部或者部分使用国有资金的项目，并可以暂停项目执行或者暂停资金拨付。

注：本内容参照《中华人民共和国建筑法》第二十四条、第六十七条的规定，参照《建设工程质量管理条例》第五十五条、第七十八条的规定。

2.2.1.3 不得任意压缩合理工期

不得任意压缩合理工期。

建设单位项目负责人在组织发包时应当提出合理的造价和工期要求，不得迫使承包单位以低于成本的价格竞标，不得与承包单位签订"阴阳合同"，不得拖欠勘察设计、工程监理费用和工程款，不得任意压缩合理工期。确需压缩工期的，应当组织专家予以论证，并采取保证建筑工程质量安全的相应措施，支付相应的费用。

任意压缩合理工期的，按照《建设工程质量管理条例》第五十六条规定"违反本条例规定，建设单位有下列行为之一的，责令改正，处 20 万元以上 50 万元以下的罚款"对建设单位实施行政处罚；

按照《建设工程质量管理条例》第七十三条规定"依照本条例规定，给予单位罚款处罚的，对单位直接负责的主管人员和其他直接责任人员处单位罚款数额百分之五以上百分之十以下的罚款。"对建设单位项目负责人实施行政处罚。

注：本内容参照《建设单位项目负责人质量安全责任八项规定》第二条的规定。

1. 工期的确定

工期是指自开工之日起，到完成"工期定额"所包含的全部工程内容并达到国家验收标准之日起的日历天数（包括法定节假日）；不包括三通一平、打试验桩、地下障碍物处理、基础施工前的降水和基坑支护时间、竣工文件编制所需的时间。

2. 工期的调整

（1）施工过程中，遇不可抗力、极端天气或政府政策性影响施工进度或暂停施工的，按照实际延误的工期顺延。

（2）施工过程中发现实际地质情况与地质勘查报告出入较大的，应按照实际地质情况调整工期。

（3）施工过程中遇到障碍物或古墓、文物、化石、流砂、暗河、淤泥、石方、地下水等需要进行特殊处理且影响关键线路时，工期相应顺延。

（4）合同履行过程中，因非承包人原因发生重大设计变更的，应调整工期。

（5）其他因承包人原因造成的工期延误应予以顺延。

注：本内容参照《建筑安装工程工期定额》TY01-89-2016 的规定。

3. 变更引起的工期调整

因变更引起工期变化的，合同当事人均可要求调整合同工期，由合同当事人按照下诉条款并参考工程所在地的工期定额标准确定增减工期天数。

合同当事人进行商定或确定时，总监理工程师应当会同合同当事人尽量通过协商达成一致，不能达成一致的，由总监理工程师按照合同约定审慎做出公正的确定。

总监理工程师应将确定以书面形式通知发包人和承包人，并附详细依据。合同当事人对总监理工程师的确定没有异议的，按照总监理工程师的确定执行。任何一方合同当事人有异议，按照合同"争议解决"部分的约定处理。争议解决前，合同当事人暂按总监理工程师的确定执行；争议解决后，争议解决的结果与总监理工程师的确定不一致的，按照争议解决的结果执行，由此造成的损失由责任人承担。

4. 因发包人原因导致工期延误

在合同履行过程中，因下列情况导致工期延误和（或）费用增加的，由发包人承担由此延误的工期和（或）增加的费用，且发包人应支付承包人合理的利润：

（1）发包人未能按合同约定提供图纸或所提供图纸不符合合同约定的；

（2）发包人未能按合同约定提供施工现场、施工条件、基础资料、许可、批准等开工条件的；

（3）发包人提供的测量基准点、基准线和水准点及其书面资料存在错误或疏漏的；

（4）发包人未能在计划开工日期之日起 7 天内同意下达开工通知的；

（5）发包人未能按合同约定日期支付工程预付款、进度款或竣工结算款的；

（6）监理人未按合同约定发出指示、批准等文件的；

（7）专用合同条款中约定的其他情形。

因发包人原因未按计划开工日期开工的，发包人应按实际开工日期顺延竣工日期，确保实际工期不低于合同约定的工期总日历天数。

因发包人原因导致工期延误需要修订施工进度计划的，施工进度计划不符合合同要求或与工程的实际进度不一致的，承包人应向监理人提交修订的施工进度计划，并附具有关措施和相关资料，由监理人报送发包人。除专用合同条款另有约定外，发包人和监理人应在收到修订的施工进度计划后 7 天内完成审核和批准或提出修改意见。发包人和监理人对承包人提交的施工进度计划的确认，不能减轻或免除承包人根据法律规定和合同约定应承担的任何责任或义务。

5. 因承包人原因导致工期延误

因承包人原因造成工期延误的，可以在专用合同条款中约定逾期竣工违约金的计算方法和逾期竣工违约金的上限。承包人支付逾期竣工违约金后，不免除承包人继续完成工程及修补缺陷的义务。

注：本内容参照《建设工程施工合同（示范文本）》GF—2017—0201 的规定。

2.2.1.4　检测单位具有相应资质

按规定委托具有相应资质的检测单位进行检测工作。

检测机构是具有独立法人资格的中介机构。检测机构资质按照其承担的检测业务内容分为专项检测机构资质和见证取样检测机构资质。检测机构未取得相应的资质证书，不得承担《建设工程质量检测管理办法》规定的质量检测业务。

1. 质量检测的业务内容

（1）专项检测

1）地基基础工程检测

① 地基及复合地基承载力静载检测；

② 桩的承载力检测；

③ 桩身完整性检测；

④ 锚杆锁定力检测。

2）主体结构工程现场检测

① 混凝土、砂浆、砌体强度现场检测；

② 钢筋保护层厚度检测；

③ 混凝土预制构件结构性能检测；

④ 后置埋件的力学性能检测。

3）建筑幕墙工程检测

① 建筑幕墙的气密性、水密性、风压变形性能、层间变位性能检测；

② 硅酮结构胶相容性检测。

4）钢结构工程检测

① 钢结构焊接质量无损检测；

② 钢结构防腐及防火涂装检测；

③ 钢结构节点、机械连接用紧固标准件及高强度螺栓力学性能检测；

④ 钢网架结构的变形检测。

（2）见证取样检测

① 水泥物理力学性能检验；

② 钢筋（含焊接与机械连接）力学性能检验；

③ 砂、石常规检验；

④ 混凝土、砂浆强度检验；

⑤ 简易土工试验；

⑥ 混凝土掺加剂检验；

⑦ 预应力钢绞线、锚夹具检验；

⑧ 沥青、沥青混合料检验。

2．检测机构资质标准

（1）专项检测机构和见证取样检测机构应满足下列基本条件：

1）专项检测机构的注册资本不少于 100 万元人民币，见证取样检测机构不少于 80 万元人民币；

2）所申请检测资质对应的项目应通过计量认证；

3）有质量检测、施工、监理或设计经历，并接受了相关检测技术培训的专业技术人员不少于 10 人；边远的县（区）的专业技术人员可不少于 6 人；

4）有符合开展检测工作所需的仪器、设备和工作场所；其中，使用属于强制检定的计量器具，要经过计量检定合格后，方可使用；

5）有健全的技术管理和质量保证体系。

（2）专项检测机构除应满足基本条件外，还需满足下列条件：

1）地基基础工程检测类

专业技术人员中从事工程桩检测工作 3 年以上并具有高级或者中级职称的不得少于 4 名，其中 1 人应当具备注册岩土工程师资格。

2）主体结构工程检测类

专业技术人员中从事结构工程检测工作 3 年以上并具有高级或者中级职称的不得少于 4 名，其中 1 人应当具备二级注册结构工程师资格。

3）建筑幕墙工程检测类

专业技术人员中从事建筑幕墙检测工作 3 年以上并具有高级或者中级职称的不得少于 4 名。

4）钢结构工程检测类

专业技术人员中从事钢结构机械连接检测、钢网架结构变形检测工作 3 年以上并具有高级或者中级职称的不得少于 4 名，其中 1 人应当具备二级注册结构工程师资格。

（3）见证取样检测机构除应满足基本条件外，专业技术人员中从事检测工作 3 年以上并具有高级或者中级职称的不得少于 3 名；边远的县（区）可不少于 2 人。

注：本内容参照《建设工程质量检测管理办法》的规定。

2.2.1.5 施工图的审核

对施工图设计文件报审图机构审查，审查合格方可使用。

（1）国务院住房城乡建设主管部门负责对全国的施工图审查工作实施指导、监督。

县级以上地方人民政府住房城乡建设主管部门负责对本行政区域内的施工图审查工作实施监督管理。

（2）省、自治区、直辖市人民政府住房城乡建设主管部门应当按照本办法规定的审查机构条件，结合本行政区域内的建设规模，确定相应数量的审查机构。具体办法由国务院住房城乡建设主管部门另行规定。

审查机构是专门从事施工图审查业务，不以营利为目的的独立法人。

省、自治区、直辖市人民政府住房城乡建设主管部门应当将审查机构名录报国务院住房城乡建设主管部门备案，并向社会公布。

（3）审查机构按承接业务范围分两类，一类机构承接房屋建筑、市政基础设施工程施工图审查业务范围不受限制；二类机构可以承接中型及以下房屋建筑、市政基础设施工程的施工图审查。

房屋建筑、市政基础设施工程的规模划分，按照国务院住房城乡建设主管部门的有关规定执行。

（4）一类审查机构应当具备下列条件：

1）有健全的技术管理和质量保证体系。

2）审查人员应当有良好的职业道德；有 15 年以上所需专业勘察、设计工作经历；主持过不少于 5 项大型房屋建筑工程、市政基础设施工程相应专业的设计或者甲级工程勘察项目相应专业的勘察；已实行执业注册制度的专业，审查人员应当具有一级注册建筑师、一级注册结构工程师或者勘察设计注册工程师资格，并在本审查机构注册；未实行执业注册制度的专业，审查人员应当具有高级工程师职称；近 5 年内未因违反工程建设法律法规和强制性标准受到行政处罚。

3）在本审查机构专职工作的审查人员数量：从事房屋建筑工程施工图审查的，结构专业审查人员不少于 7 人，建筑专业不少于 3 人，电气、暖通、给水排水、勘察等专业审查人员各不少于 2 人；从事市政基础设施工程施工图审查的，所需专业的审查人员不少于 7 人，其他必须配套的专业审查人员各不少于 2 人；专门从事勘察文件审查的，勘察专业审查人员不少于 7 人。

承担超限高层建筑工程施工图审查的，还应当具有主持过超限高层建筑工程或者100m以上建筑工程结构专业设计的审查人员不少于3人。

4）60岁以上审查人员不超过该专业审查人员规定数的1/2。

5）注册资金不少于300万元。

（5）二类审查机构应当具备下列条件：

1）有健全的技术管理和质量保证体系。

2）审查人员应当有良好的职业道德；有10年以上所需专业勘察、设计工作经历；主持过不少于5项中型以上房屋建筑工程、市政基础设施工程相应专业的设计或者乙级以上工程勘察项目相应专业的勘察；已实行执业注册制度的专业，审查人员应当具有一级注册建筑师、一级注册结构工程师或者勘察设计注册工程师资格，并在本审查机构注册；未实行执业注册制度的专业，审查人员应当具有高级工程师职称；近5年内未因违反工程建设法律法规和强制性标准受到行政处罚。

3）在本审查机构专职工作的审查人员数量：从事房屋建筑工程施工图审查的，结构专业审查人员不少于3人，建筑、电气、暖通、给水排水、勘察等专业审查人员各不少于2人；从事市政基础设施工程施工图审查的，所需专业的审查人员不少于4人，其他必须配套的专业审查人员各不少于2人；专门从事勘察文件审查的，勘察专业审查人员不少于4人。

4）60岁以上审查人员不超过该专业审查人员规定数的1/2。

5）注册资金不少于100万元。

（6）建设单位应当将施工图送审查机构审查，但审查机构不得与所审查项目的建设单位、勘察设计企业有隶属关系或者其他利害关系。送审管理的具体办法由省、自治区、直辖市人民政府住房城乡建设主管部门按照"公开、公平、公正"的原则规定。

建设单位不得明示或者暗示审查机构违反法律法规和工程建设强制性标准进行施工图审查，不得压缩合理审查周期、压低合理审查费用。

（7）审查机构对施工图进行审查后，应当根据下列情况分别作出处理：

1）审查合格的，审查机构应当向建设单位出具审查合格书，并在全套施工图上加盖审查专用章。审查合格书应当有各专业的审查人员签字，经法定代表人签发，并加盖审查机构公章。审查机构应当在出具审查合格书后5个工作日内，将审查情况报工程所在地县级以上地方人民政府住房城乡建设主管部门备案。

2）审查不合格的，审查机构应当将施工图退建设单位并出具审查意见告知书，说明不合格原因。同时，应当将审查意见告知书及审查中发现的建设单位、勘察设计企业和注册执业人员违反法律、法规和工程建设强制性标准的问题，报工程所在地县级以上地方人民政府住房城乡建设主管部门。

施工图退建设单位后，建设单位应当要求原勘察设计企业进行修改，并将修改后的施工图送原审查机构复审。

（8）按规定应当进行审查的施工图，未经审查合格的，住房城乡建设主管部门不得颁发施工许可证。

（9）建设单位违反规定，有下列行为之一的，由县级以上地方人民政府住房城乡建设主管部门责令改正，处3万元罚款；情节严重的，予以通报：

1）压缩合理审查周期的；

2）提供不真实送审资料的；

3）对审查机构提出不符合法律、法规和工程建设强制性标准要求的。

建设单位为房地产开发企业的，还应当依照《房地产开发企业资质管理规定》进行处理。

注：本内容参照《房屋建筑和市政基础设施工程施工图设计文件审查管理办法》第四条、第五条、第六条、第七条、第八条、第九条、第十三条、第十八条、第二十六条的规定。

2.2.1.6　施工图重新报审

对有重大修改、变动的施工图设计文件应当重新进行报审，审查合格方可使用。

审查机构对施工图进行审查审查不合格的，审查机构应当将施工图退建设单位并出具审查意见告知书，说明不合格原因。同时，应当将审查意见告知书及审查中发现的建设单位、勘察设计企业和注册执业人员违反法律、法规和工程建设强制性标准的问题，报工程所在地县级以上地方人民政府住房城乡建设主管部门。

施工图退建设单位后，建设单位应当要求原勘察设计企业进行修改，并将修改后的施工图送原审查机构复审。

任何单位或者个人不得擅自修改审查合格的施工图；确需修改的，凡涉及下列规定内容的，建设单位应当将修改后的施工图送原审查机构审查。审查机构应当对施工图审查下列内容：

1）是否符合工程建设强制性标准；

2）地基基础和主体结构的安全性；

3）是否符合民用建筑节能强制性标准，对执行绿色建筑标准的项目，还应当审查是否符合绿色建筑标准；

4）勘察设计企业和注册执业人员以及相关人员是否按规定在施工图上加盖相应的图章和签字；

5）法律、法规、规章规定必须审查的其他内容。

注：本内容参照《房屋建筑和市政基础设施工程施工图设计文件审查管理办法》第十一条、第十三条、第十四条的规定。

2.2.1.7　施工图交付

提供给监理单位、施工单位经审查合格的施工图纸。

发包人应按照专用合同条款约定的期限、数量和内容向承包人免费提供图纸，并组织承包人、监理人和设计人进行图纸会审和设计交底。发包人至迟不得晚于"开工通知"载明的开工日期前 14 天向承包人提供图纸。

因发包人未按合同约定提供图纸导致承包人费用增加和（或）工期延误的，按照"因发包人原因导致工期延误"约定办理。

注：本内容参照《建设工程施工合同》GF—2017—0201 第 1.6.1 条的规定。

2.2.1.8　图纸会审、设计交底

组织图纸会审、设计交底工作。

建设单位、监理单位、施工单位等相关单位，在收到施工图审查机构审查合格的施工

图设计文件后，在设计交底前进行的全面细致的熟悉和审查施工图纸的活动。监理人员应熟悉工程设计文件，并应参加建设单位主持的图纸会审会议，建设单位应及时主持召开图纸会审会议，组织项目监理机构、施工单位等相关人员进行图纸会审，并整理成会审问题清单，由建设单位在设计交底前约定的时间内提交设计单位。图纸会审由施工单位整理会议纪要，与会各方会签。

设计交底与图纸会审的目的为了使参与工程建设的各方了解工程设计的主导思想、建筑构思和要求、采用的设计规范、确定的抗震设防烈度、防火等级、基础、结构、内外装修及机电设备设计，对主要建筑材料、构配件和设备的要求、所采用的新技术、新工艺、新材料、新设备的要求以及施工中应特别注意的事项，掌握工程关键部分的技术要求，保证工程质量，设计单位必须依据国家设计技术管理的有关规定，对提交的施工图纸，进行系统的设计技术交底。同时，也为了减少图纸中的差错、遗漏、矛盾，将图纸中的质量隐患与问题消灭在施工之前，使设计施工图纸更符合施工现场的具体要求，避免返工浪费。在施工图设计技术交底的同时，监理部、设计单位、建设单位、施工单位及其他有关单位需对设计图纸在自审的基础上进行会审。施工图纸是施工单位和监理单位开展工作最直接的依据。

2.2.1.9 建设单位采购要求

按合同约定由建设单位采购的建筑材料、建筑构配件和设备的质量应符合要求。

按照合同约定，由建设单位采购建筑材料、建筑构配件和设备的，建设单位应当保证建筑材料、建筑构配件和设备符合设计文件和合同要求。

建设单位不得明示或者暗示施工单位使用不合格的建筑材料、建筑构配件和设备。

注：本内容参照《建设工程质量管理条例》第十四条的规定。

2.2.1.10 不得指定采购

不得指定应由承包单位采购的建筑材料、建筑构配件和设备，或者指定生产厂、供应商。

建设单位应当依法对工程建设项目的勘察、设计、施工、监理以及与工程建设有关的重要设备、材料等的采购进行招标。

注：本内容参照《建设工程质量管理条例》第八条的规定。

2.2.1.11 支付工程款

按合同约定及时支付工程款。

1. 工程预付款

（1）预付款的支付

预付款的支付按照专用合同条款约定执行，但至迟应在开工通知载明的开工日期 7 天前支付。预付款应当用于材料、工程设备、施工设备的采购及修建临时工程、组织施工队伍进场等。

除专用合同条款另有约定外，预付款在进度付款中同比例扣回。在颁发工程接收证书前，提前解除合同的，尚未扣完的预付款应与合同价款一并结算。

发包人逾期支付预付款超过 7 天的，承包人有权向发包人发出要求预付的催告通知，发包人收到通知后 7 天内仍未支付的，承包人有权暂停施工，并按合同规定的"发包人违约的情形"执行。

（2）预付款担保

发包人要求承包人提供预付款担保的，承包人应在发包人支付预付款 7 天前提供预付款担保，专用合同条款另有约定除外。预付款担保可采用银行保函、担保公司担保等形式，具体由合同当事人在专用合同条款中约定。在预付款完全扣回之前，承包人应保证预付款担保持续有效。

发包人在工程款中逐期扣回预付款后，预付款担保额度应相应减少，但剩余的预付款担保金额不得低于未被扣回的预付款金额。

2. 工程进度款

（1）付款周期

除专用合同条款另有约定外，付款周期应按合同规定的"计量周期"的约定与计量周期保持一致。

（2）进度款审核和支付

1）除专用合同条款另有约定外，监理人应在收到承包人进度付款申请单以及相关资料后 7 天内完成审查并报送发包人，发包人应在收到后 7 天内完成审批并签发进度款支付证书。发包人逾期未完成审批且未提出异议的，视为已签发进度款支付证书。

发包人和监理人对承包人的进度付款申请单有异议的，有权要求承包人修正和提供补充资料，承包人应提交修正后的进度付款申请单。监理人应在收到承包人修正后的进度付款申请单及相关资料后 7 天内完成审查并报送发包人，发包人应在收到监理人报送的进度付款申请单及相关资料后 7 天内，向承包人签发无异议部分的临时进度款支付证书。存在争议的部分，按合同规定的"争议解决"的约定处理。

2）除专用合同条款另有约定外，发包人应在进度款支付证书或临时进度款支付证书签发后 14 天内完成支付，发包人逾期支付进度款的，应按照中国人民银行发布的同期同类贷款基准利率支付违约金。

3）发包人签发进度款支付证书或临时进度款支付证书，不表明发包人已同意、批准或接受了承包人完成的相应部分的工作。

注：本内容参照《建设工程施工合同》GF—2017—0201 第 12.3 条、12.4 条的规定。

2.2.2 勘察、设计单位质量行为要求

📋 《工程质量安全手册》第 2.2.2 条：

勘察、设计单位。

（1）在工程施工前，就审查合格的施工图设计文件向施工单位和监理单位作出详细说明。

（2）及时解决施工中发现的勘察、设计问题，参与工程质量事故调查分析，并对因勘察、设计原因造成的质量事故提出相应的技术处理方案。

（3）按规定参与施工验槽。

📖**实施细则：**

2.2.2.1　施工图设计交底

在工程施工前，就审查合格的施工图设计文件向施工单位和监理单位作出详细说明。

施工图设计交底按主项（装置或单元）分专业集中一次进行，遇有特殊情况，应建设单位要求，也可按施工程序分两次进行。

施工图设计交底会原则上不重复召开，如果由于施工单位变更需要重复开会时，由建设单位和设计单位协商解决。

1. 会议的目的、任务

（1）凡主项（装置或单元）施工图交付以后，工程正式开工以前，为了进一步贯彻设计意图和修改图纸中的错、漏、碰、缺；为了便于施工单位正确施工，确保工程质量，加快建设速度；为了便于建设单位保证物资供应和生产准备，以期一次投产成功，都应适时召开施工图设计交底会。

（2）交底会的任务，主要是交代设计意图；说明设计文件的组成和查找办法，以及图例符号表达的工程意义；提出设计、施工验收应遵守的规范、标准和技术规定；介绍同类工程的经验教训；解答建设单位和施工单位提出的问题等。

2. 会议召开的时间、地点

（1）建设单位接到施工图设计文件后 1～3 个月内召开交底会，具体时间应和设计单位协商确定。

（2）会议一般宜在建设项目所在地召开。

3. 会议的组织

（1）会议由建设单位组织并负责会务等工作。

（2）会议除设计单位、施工单位、建设单位的有关部门参加外，还可根据需要邀请部分特殊机械、非标设备和电气仪表的制造厂商代表参加。

4. 会议的准备

（1）建设单位接到施工图设计文件后，应立即分发到承担工程施工的各单位，以及建设单位的基建、供应、技术、财务和生产准备各部门，并组织他们对施工图进行预审。

（2）由建设单位汇总预审提出的主要问题，并以书面形式寄送设计单位。

（3）设计单位接到建设单位预审意见后，应立即分发各有关专业，各专业设计负责人按照《施工图设计交底会议规定》SHSG 039 第六章会议的内容和预审提出的问题编写施工图设计交底提纲，然后即可与建设单位商定开会具体日期。

5. 会议的程序和内容

（1）主项（装置或单元）负责人介绍工程概况，内容包括：

1）贯彻执行初步设计审查意见的情况；

2）设计范围；

3）设计文件的组成和查找办法；

4）原料、产品及生产技术特点；

5）主要建安工作量或修正概算；

6）与界区外工程的关系和衔接要求；

7）生产准备的要求；

8）其他应当说明的问题（例如同类工程的经验教训、自控水平、三废处理及综合利用等）。

（2）分专业交底，由各专业设计负责人（或代表）进行，内容包括：

1）设计范围；

2）设计文件的组成、查找办法和图例符号的工程意义；

3）技术特点以及对工程（包括设备选材、施工检验方法和试车程序等）提出的特殊要求；

4）专业建安工作量或修正概算；

5）设计、施工验收应遵行的规范、标准和技术规定；

6）与其他专业的交叉和衔接；

7）对预审提出问题的处理意见；

8）对设计遗留问题或留待现场处理的问题的说明；

9）其他应当说明的问题（例如，同类工程的经验教训等）。

（3）设计代表广泛听取与会者的意见，将讨论意见集中，并形成会议纪要。

6. 会议纪要

（1）会议纪要是交底会产生的最终文件，对与会各单位均有约束力。

（2）交底会结束前，应由设计单位代表会同建设单位代表起草会议纪要，经与会各单位负责人讨论、确认后，在会上宣读。

（3）会议结束后，建设单位应在两周内将会议纪要发送有关单位，以便各单位密切配合工程建设。

注：本内容参照《施工图设计交底会议规定》SHSG 039 的规定。

2.2.2.2 提供技术支持

及时解决施工中发现的勘察、设计问题，参与工程质量事故调查分析，并对因勘察、设计原因造成的质量事故提出相应的技术处理方案。

县级以上人民政府应当依照本条例的规定，严格履行职责，及时、准确地完成事故调查处理工作。

事故发生地有关地方人民政府应当支持、配合上级人民政府或者有关部门的事故调查处理工作，并提供必要的便利条件。

参加事故调查处理的部门和单位应当互相配合，提高事故调查处理工作的效率。

注：本内容参照《生产安全事故报告和调查处理条例》第五条的规定。

2.2.2.3 施工验槽

按规定参与施工验槽。

工程勘察企业应当参与施工验槽，及时解决工程设计和施工中与勘察工作有关的问题。

注：本内容参照《建设工程勘察质量管理办法》第九条的规定。

2.2.3 施工单位质量行为要求

📋 《工程质量安全手册》第 2.2.3 条：

施工单位。

（1）不得违法分包、转包工程。

（2）项目经理资格符合要求，并到岗履职。

（3）设置项目质量管理机构，配备质量管理人员。

（4）编制并实施施工组织设计。

（5）编制并实施施工方案。

（6）按规定进行技术交底。

（7）配备齐全该项目涉及的设计图集、施工规范及相关标准。

（8）由建设单位委托见证取样检测的建筑材料、建筑构配件和设备等，未经监理单位见证取样并经检验合格的，不得擅自使用。

（9）按规定由施工单位负责进行进场检验的建筑材料、建筑构配件和设备，应报监理单位审查，未经监理单位审查合格的不得擅自使用。

（10）严格按审查合格的施工图设计文件进行施工，不得擅自修改设计文件。

（11）严格按施工技术标准进行施工。

（12）做好各类施工记录，实时记录施工过程质量管理的内容。

（13）按规定做好隐蔽工程质量检查和记录。

（14）按规定做好检验批、分项工程、分部工程的质量报验工作。

（15）按规定及时处理质量问题和质量事故，做好记录。

（16）实施样板引路制度，设置实体样板和工序样板。

（17）按规定处置不合格试验报告。

📖 **实施细则：**

2.2.3.1 不得违法分包、转包

（1）施工单位应当依法取得相应等级的资质证书，并在其资质等级许可的范围内承揽工程。

（2）禁止施工单位超越本单位资质等级许可的业务范围或者以其他施工单位的名义承揽工程。禁止施工单位允许其他单位或者个人以本单位的名义承揽工程。

（3）施工单位不得转包或者违法分包工程。

注：本内容参照《建设工程质量管理条例》第二十五条的规定。

2.2.3.2 项目经理资格要求及工作职责

1. 项目经理资格要求

建筑施工项目经理（以下简称项目经理）必须按规定取得相应执业资格和安全生产考核合格证书；合同约定的项目经理必须在岗履职，不得违反规定同时在两个及两个以上的工程项目担任项目经理。

注：本内容参照《建筑施工项目经理质量安全责任十项规定（试行）》第一条的规定。

2. 项目经理工作职责

（1）项目经理必须对工程项目施工质量安全负全责，负责建立质量安全管理体系，负责配备专职质量、安全等施工现场管理人员，负责落实质量安全责任制、质量安全管理规章制度和操作规程。

注：本内容参照《建筑施工项目经理质量安全责任十项规定（试行）》第二条的规定。

（2）项目经理必须按照工程设计图纸和技术标准组织施工，不得偷工减料；负责组织编制施工组织设计，负责组织制定质量安全技术措施，负责组织编制、论证和实施危险性较大分部分项工程专项施工方案；负责组织质量安全技术交底。

注：本内容参照《建筑施工项目经理质量安全责任十项规定（试行）》第三条的规定。

（3）项目经理必须组织对进入现场的建筑材料、构配件、设备、预拌混凝土等进行检验，未经检验或检验不合格，不得使用；必须组织对涉及结构安全的试块、试件以及有关材料进行取样检测，送检试样不得弄虚作假，不得篡改或者伪造检测报告，不得明示或暗示检测机构出具虚假检测报告。

注：本内容参照《建筑施工项目经理质量安全责任十项规定（试行）》第四条的规定。

（4）项目经理必须组织做好隐蔽工程的验收工作，参加地基基础、主体结构等分部工程的验收，参加单位工程和工程竣工验收；必须在验收文件上签字，不得签署虚假文件。

注：本内容参照《建筑施工项目经理质量安全责任十项规定（试行）》第五条的规定。

（5）项目经理必须在起重机械安装、拆卸，模板支架搭设等危险性较大分部分项工程施工期间现场带班；必须组织起重机械、模板支架等使用前验收，未经验收或验收不合格，不得使用；必须组织起重机械使用过程日常检查，不得使用安全保护装置失效的起重机械。

注：本内容参照《建筑施工项目经理质量安全责任十项规定（试行）》第六条的规定。

（6）项目经理必须将安全生产费用足额用于安全防护和安全措施，不得挪作他用；作业人员未配备安全防护用具，不得上岗；严禁使用国家明令淘汰、禁止使用的危及施工质量安全的工艺、设备、材料。

注：本内容参照《建筑施工项目经理质量安全责任十项规定（试行）》第七条的规定。

（7）项目经理必须定期组织质量安全隐患排查，及时消除质量安全隐患；必须落实住房城乡建设主管部门和工程建设相关单位提出的质量安全隐患整改要求，在隐患整改报告上签字。

注：本内容参照《建筑施工项目经理质量安全责任十项规定（试行）》第八条的规定。

（8）项目经理必须组织对施工现场作业人员进行岗前质量安全教育，组织审核建筑施工特种作业人员操作资格证书，未经质量安全教育和无证人员不得上岗。

注：本内容参照《建筑施工项目经理质量安全责任十项规定（试行）》第九条的规定。

（9）项目经理必须按规定报告质量安全事故，立即启动应急预案，保护事故现场，开展应急救援。

注：本内容参照《建筑施工项目经理质量安全责任十项规定（试行）》第十条的规定。

2.2.3.3 设置项目质量管理机构及人员配备

施工单位对建设工程的施工质量负责。

施工单位应当建立质量责任制，确定工程项目的项目经理、技术负责人和施工管理负责人。

建设工程实行总承包的，总承包单位应当对全部建设工程质量负责；建设工程勘察、设计、施工、设备采购的一项或者多项实行总承包的，总承包单位应当对其承包的建设工程或者采购的设备的质量负责。

注：本内容参照《建设工程质量管理条例》第二十六条的规定。

从事建筑活动的专业技术人员，应当依法取得相应的执业资格证书，并在执业资格证书许可的范围内从事建筑活动。

注：本内容参照《中华人民共和国建筑法》第十四条的规定。

2.2.3.4 施工组织设计编制与实施

（1）建筑施工企业在编制施工组织设计时，应当根据建筑工程的特点制定相应的安全技术措施；对专业性较强的工程项目，应当编制专项安全施工组织设计，并采取安全技术措施。

注：本内容参照《中华人民共和国建筑法》第三十八条的规定。

（2）施工组织设计的编制必须遵循工程建设程序，并应符合下列原则：

1）符合施工合同或招标文件中有关工程进度、质量、安全、环境保护、造价等方面的要求；

2）积极开发、使用新技术和新工艺，推广应用新材料和新设备；

3）坚持科学的施工程序和合理的施工顺序，采用流水施工和网络计划等方法，科学配置资源，合理布置现场，采取季节性施工措施，实现均衡施工，达到合理的经济技术指标；

4）采取技术和管理措施，推广建筑节能和绿色施工；

5）与质量、环境和职业健康安全三个管理体系有效结合。

注：本内容参照《建筑施工组织设计规范》GB/T 50502—2009 第 3.0.2 条的规定。

（3）施工组织设计应以下列内容作为编制依据：

1）与工程建设有关的法律、法规和文件；

2）国家现行有关标准和技术经济指标；

3）工程所在地区行政主管部门的批准文件，建设单位对施工的要求；

4）工程施工合同或招标投标文件；

5）工程设计文件；

6）工程施工范围内的现场条件，工程地质及水文地质、气象等自然条件；

7）与工程有关的资源供应情况；

8）施工企业的生产能力、机具设备状况、技术水平等。

注：本内容参照《建筑施工组织设计规范》GB/T 50502—2009 第 3.0.3 条的规定。

（4）施工组织设计应包括编制依据、工程概况、施工部署、施工进度计划、施工准备与资源配置计划、主要施工方法、施工现场平面布置及主要施工管理计划等基本内容。

注：本内容参照《建筑施工组织设计规范》GB/T 50502—2009 第 3.0.4 条的规定。

（5）施工组织设计的编制和审批应符合下列规定：

1）施工组织设计应由项目负责人主持编制，可根据需要分阶段编制和审批；

2）施工组织总设计应由总承包单位技术负责人审批；单位工程施工组织设计应由施工单位技术负责人或技术负责人授权的技术人员审批；施工方案应由项目技术负责人审批；重点、难点分部（分项）工程和专项工程施工方案应由施工单位技术部门组织相关专家评审，施工单位技术负责人批准；

3）由专业承包单位施工的分部（分项）工程或专项工程的施工方案，应由专业承包单位技术负责人或技术负责人授权的技术人员审批；有总承包单位时，应由总承包单位项目技术负责人核准备案；

4）规模较大的分部（分项）工程和专项工程的施工方案应按单位工程施工组织设计进行编制和审批。

注：本内容参照《建筑施工组织设计规范》GB/T 50502—2009 第3.0.5条的规定。

（6）施工组织设计应实行动态管理，并符合下列规定：

1）项目施工过程中，发生以下情况之一时，施工组织设计应及时进行修改或补充：

① 工程设计有重大修改；

② 有关法律、法规、规范和标准实施、修订和废止；

③ 主要施工方法有重大调整；

④ 主要施工资源配置有重大调整；

⑤ 施工环境有重大改变。

2）经修改或补充的施工组织设计应重新审批后实施；

3）项目施工前，应进行施工组织设计逐级交底；项目施工过程中，应对施工组织设计的执行情况进行检查、分析并适时调整。

注：本内容参照《建筑施工组织设计规范》GB/T 50502—2009 第3.0.6条的规定。

（7）施工组织设计应在工程竣工验收后归档。

注：本内容参照《建筑施工组织设计规范》GB/T 50502—2009 第3.0.7条的规定。

2.2.3.5　施工方案编制与实施

危险性较大的分部分项工程。

（1）施工方案编制。

施工单位应当在危大工程施工前组织工程技术人员编制专项施工方案。

实行施工总承包的，专项施工方案应当由施工总承包单位组织编制。危大工程实行分包的，专项施工方案可以由相关专业分包单位组织编制。

注：本内容参照《危险性较大的分部分项工程安全管理规定》（住房城乡建设部令第37号）第十条的规定。

（2）施工方案内容。

危险性较大分部分项工程专项方案的基本要求和内容应符合下列规定：

施工单位应当在危险性较大的分部分项工程施工前编制专项方案，专项方案编制应当包括以下内容：

1）工程概况：危险性较大的分部分项工程概况、施工平面布置、施工要求和技术保证条件；

2）编制依据：相关法律、法规、规范性文件、标准、规范及图纸（国标图集）、施工组织设计等；

3）施工安排：包括施工顺序及施工流水段的确定、施工进度计划、材料与设备计划；

4）施工工艺技术：技术参数、工艺流程、施工方法、检查验收等；

5）施工安全保证措施：组织保障、技术措施、应急预案、监测监控等；

6）劳动力计划：专职安全生产管理人员、特种作业人员等；

7）计算书及相关图纸。

注：本内容参照《福建省建筑工程施工文件管理规程》DBJ/13—56—2017 第 17.2.1 条 1 的规定。

（3）专项施工方案应当由施工单位技术负责人审核签字、加盖单位公章，并由总监理工程师审查签字、加盖执业印章后方可实施。

危大工程实行分包并由分包单位编制专项施工方案的，专项施工方案应当由总承包单位技术负责人及分包单位技术负责人共同审核签字并加盖单位公章。

注：本内容参照《危险性较大的分部分项工程安全管理规定》（住房城乡建设部令第 37 号）第十一条的规定。

（4）对于超过一定规模的危大工程，施工单位应当组织召开专家论证会对专项施工方案进行论证。实行施工总承包的，由施工总承包单位组织召开专家论证会。专家论证前专项施工方案应当通过施工单位审核和总监理工程师审查。

专家应当从地方人民政府住房城乡建设主管部门建立的专家库中选取，符合专业要求且人数不得少于 5 名。与本工程有利害关系的人员不得以专家身份参加专家论证会。

注：本内容参照《危险性较大的分部分项工程安全管理规定》（住房城乡建设部令第 37 号）第十二条的规定。

（5）专家论证会后，应当形成论证报告，对专项施工方案提出通过、修改后通过或者不通过的一致意见。专家对论证报告负责并签字确认。

专项施工方案经论证需修改后通过的，施工单位应当根据论证报告修改完善后，重新履行《危险性较大的分部分项工程安全管理规定》第十一条的程序。

专项施工方案经论证不通过的，施工单位修改后应当按照《危险性较大的分部分项工程安全管理规定》的要求重新组织专家论证。

注：本内容参照《危险性较大的分部分项工程安全管理规定》（住房城乡建设部令第 37 号）第十三条的规定。

（6）施工单位应当严格按照专项施工方案组织施工，不得擅自修改专项施工方案。

因规划调整、设计变更等原因确需调整的，修改后的专项施工方案应当按照《危险性较大的分部分项工程安全管理规定》重新审核和论证。涉及资金或者工期调整的，建设单位应当按照约定予以调整。

注：本内容参照《危险性较大的分部分项工程安全管理规定》（住房城乡建设部令第 37 号）第十六条的规定。

（7）施工单位未按照《危险性较大的分部分项工程安全管理规定》编制并审核危大工程专项施工方案的，依照《建设工程安全生产管理条例》对单位进行处罚，并暂扣安全生产许可证 30 日；对直接负责的主管人员和其他直接责任人员处 1000 元以上 5000 元以下的罚款。

注：本内容参照《危险性较大的分部分项工程安全管理规定》（住房城乡建设部令第37号）第三十二条的规定。

（8）危险性较大的分部分项工程范围应符合下列规定：

1）开挖深度超过 3m（含 3m）或虽未超过 3m 但地质条件和周边环境复杂的基坑（槽）支护、降水工程；开挖深度超过 3m（含 3m）的基坑（槽）的土方开挖工程；

2）包括大模板、滑模、爬模、飞模等各类工具式模板；搭设高度 5m 及以上，搭设跨度 10m 及以上，施工总荷载 $10kN/m^2$ 及以上，集中线荷载 $15kN/m^2$ 及以上，高度大于支撑水平投影宽度且相对独立无联系构件的混凝土模板支撑工程；用于钢结构安装等承重满堂支撑体系；

3）采用非常规起重设备、方法，且单件起吊重量在 10kN 及以上的起重吊装工程；采用起重机械进行安装的工程；起重机械设备自身的安装、拆卸；

4）搭设高度 24m 及以上的落地式钢管脚手架工程；附着式整体和分片提升脚手架工程；悬挑式脚手架工程；吊篮脚手架工程；自制卸料平台、移动操作平台工程；新型及异型脚手架工程；

5）建筑物、构筑物拆除工程；采用爆破拆除的工程；

6）建筑幕墙安装工程；钢结构、网架和索膜结构安装工程；人工挖扩孔桩工程；地下暗挖、顶管及水下作业工程；预应力工程。

（9）超过一定规模的危险性较大的分部分项工程范围应符合下列规定：

1）开挖深度超过 4m（含 4m）的基坑（槽）的土方开挖、支护、降水工程；开挖深度虽未超过 4m，但地质条件、周围环境和地下管线复杂，或影响毗邻建筑（构筑）物安全的基坑（槽）的土方开挖、支护、降水工程；市政工程开挖或填筑施工所形成的高度超过 8m 的边坡工程；或虽未超过规定高度但地质条件和周边环境复杂的边坡工程；

2）包括滑模、爬模、飞模等工具式模板工程；搭设高度 8m 及以上，搭设跨度 18m 及以上，施工总荷载 $15kN/m^2$ 及以上，集中线荷载 $20kN/m^2$ 及以上的混凝土模板支撑工程；用于钢结构安装等满堂支撑体系，承受单点集中荷载 700kg 以上的承重支撑体系；

3）采用非常规起重设备、方法，且单件起吊重量在 100kN 及以上的起重吊装工程；起重量 300kN 及以上的起重设备安装工程；高度 200m 及以上内爬起重设备的拆除工程；

4）搭设高度 50m 及以上落地式钢管脚手架工程；提升高度 150m 及以上附着式整体和分片提升脚手架工程；架体高度 20m 及以上悬挑式脚手架工程；

5）采用爆破拆除的工程；码头、桥梁、高架、烟囱、水塔或拆除中容易引起有毒有害气（液）体或粉尘扩散、易燃易爆事故发生的特殊建、构筑物的拆除工程；可能影响行人、交通、电力设施、通信设施或其他建、构筑物安全的拆除工程；文物保护建筑、优秀历史建筑或历史文化风貌区控制范围的拆除工程；

6）施工高度 50m 及以上的建筑幕墙安装工程；跨度大于 36m 及以上的钢结构安装工程；跨度大于 60m 及以上的网架和索膜结构安装工程；开挖深度超过 16m 的人工挖扩孔桩

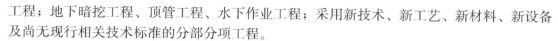

工程；地下暗挖工程、顶管工程、水下作业工程；采用新技术、新工艺、新材料、新设备及尚无现行相关技术标准的分部分项工程。

注：本内容参照《福建省建筑工程施工文件管理规程》DBJ/13—56—2017 第 17.2.1 条 6、7 的规定。

（10）危险性较大分部、分项工程专项方案应按下列办法进行核查：

1）核查危险性较大分部、分项工程专项方案的编制内容是否完整；

2）核查专项方案的审核、审批程序是否符合规范要求，相关单位和人员签章是否完整；

3）核查超过一定规模的危险性较大的分部分项工程专项方案的是否经专家论证，相关专家是否具备资格；

4）核查专项方案是否按规定实行动态管理。

（11）危险性较大分部、分项工程专项方案凡出现下列情况之一，应核定为"不符合要求"：

1）专项方案签章不完整或由不具备资格的人员签字；

2）超过一定规模的危险性较大的分部分项工程专项方案没有按要求组织专家论证或组织的论证专家不具备资格；

3）专项方案未按规定实行动态管理；

4）施工单位未根据论证报告修改完善专项方案。

注：本内容参照《福建省建筑工程施工文件管理规程》DBJ/13—56—2017 第 17.2.2 条、第 17.2.3 条的规定。

2.2.3.6　技术交底规定

（1）技术交底的基本要求和内容应符合下列规定：

1）技术交底包括设计交底、单位工程技术交底和主要分项工程技术交底，其内容应符合下列要求：

① 设计交底应包括介绍设计意图和要点，强调施工中应注意的事项，回答施工单位提供的疑问等；

② 单位工程技术交底应包括施工组织设计及施工方案的交底，包括施工部署、主要施工方法、施工进度计划、资源计划、总平面布置、主要施工管理计划、分项施工方法等；

③ 分项工程技术交底应包括工程的特点和实际情况，介绍分项工程的工艺规程操作方法、质量标准、检查验收要求等内容，如作业条件、施工准备、操作工艺规程、技术要求和质量标准、安全措施、成品保护和文明施工措施等。

2）设计交底应在工程施工前进行，单位工程技术交底应在工程开工时进行，分项工程技术交底应在分项工程施工前进行，并应为施工留出一定的准备时间，技术交底不得后补；

3）技术交底记录应符合《福建省建筑工程施工文件管理规程》DBJ/13—56—2017 附录 F 施表 F.03 的规定，交底结束后，交底人和被交底人应履行签字手续；

4）技术交底记录应由总包单位的项目技术负责人负责汇集整理，并对分包单位的技术交底工作进行督促检查；各分包单位的项目技术负责人应将技术交底记录及时整理，并适时向总包单位项目技术负责人移交；

5）应按下列适用条件采用相应的技术交底形式：

① 会议交底适用于设计交底、单位工程技术交底和分项工程技术交底；

② 书面交底适用于对施工班组长和工人的技术交底；

③ 施工样板交底适用于施工工艺的交底；

④ 岗位技术交底适用于岗位工艺操作的交底。

6）技术交底程序应符合下列要求：

① 应由建设单位组织设计、监理、施工等单位有关人员参加，设计人员进行设计交底；

② 在施工组织设计或施工方案经审批后，应由施工单位项目经理组织，项目部施工技术管理人员及参与施工的各专业分包单位施工技术负责人参加，项目经理或项目技术负责人进行单位工程技术交底；

③ 应由施工单位及分包单位项目经理组织，专业施工员、工长与施工班组长参加，施工单位及分包单位项目技术负责人进行分项工程技术交底；

④ 对施工班组具体操作人员的交底，应由专业施工员或工长、班组长组织。

注：本内容参照《福建省建筑工程施工文件管理规程》DBJ/13—56—2017 第 17.3.1 条的规定。

（2）技术交底应按下列方法进行核查：

1）核查技术交底程序是否正确，各方人员是否按规定要求到位，相关的人员签字是否完整；

2）核查技术交底的内容是否具有针对性。

（3）技术交底凡出现下列情况之一，应核定为"不符合要求"：

1）技术交底签字不完整或由不具备相应资格的人员签字；

2）技术交底内容没有针对性。

注：本内容参照《福建省建筑工程施工文件管理规程》DBJ/13—56—2017 第 17.3.2 条、第 17.3.3 条的规定。

2.2.3.7 项目设计图集、施工规范及相关标准配备

配备齐全该项目涉及的设计图集、施工规范及相关标准。

2.2.3.8 建筑材料、建筑构配件和设备等见证取样及检验使用要求

建筑起重机械安装完毕后，使用单位应当组织出租、安装、监理等有关单位进行验收，或者委托具有相应资质的检验检测机构进行验收。建筑起重机械经验收合格后方可投入使用，未经验收或者验收不合格的不得使用。

实行施工总承包的，由施工总承包单位组织验收。

建筑起重机械在验收前应当经有相应资质的检验检测机构监督检验合格。

检验检测机构和检验检测人员对检验检测结果、鉴定结论依法承担法律责任。

注：本内容参照《建筑起重机械安全监督管理规定》（建设部令第 166 号）第十六条的规定。

2.2.3.9 建筑材料、建筑构配件和设备审查使用要求

（1）施工单位必须按照工程设计要求、施工技术标准和合同约定，对建筑材料、建筑构配件、设备和商品混凝土进行检验，检验应当有书面记录和专人签字；未经检验或者检

验不合格的，不得使用。

注：本内容参照《建设工程质量管理条例》第二十九条的规定。

（2）施工人员对涉及结构安全的试块、试件以及有关材料，应当在建设单位或者工程监理单位监督下现场取样，并送具有相应资质等级的质量检测单位进行检测。

注：本内容参照《建设工程质量管理条例》第三十一条的规定。

（3）违反本条例规定，施工单位未对建筑材料、建筑构配件、设备和商品混凝土进行检验，或者未对涉及结构安全的试块、试件以及有关材料取样检测的，责令改正，处10万元以上20万元以下的罚款；情节严重的，责令停业整顿，降低资质等级或者吊销资质证书；造成损失的，依法承担赔偿责任。

注：本内容参照《建设工程质量管理条例》第六十五条的规定。

2.2.3.10　按施工图设计文件施工要求

施工单位必须按照工程设计图纸和施工技术标准施工，不得擅自修改工程设计，不得偷工减料。

施工单位在施工过程中发现设计文件和图纸有差错的，应当及时提出意见和建议。

注：本内容参照《建设工程质量管理条例》第二十八条的规定。

2.2.3.11　按施工技术标准施工要求

施工单位必须按照工程设计图纸和施工技术标准施工，不得擅自修改工程设计，不得偷工减料。

注：本内容参照《建设工程质量管理条例》第二十八条的规定。

2.2.3.12　施工过程质量管理内容记录

施工记录应反映从开工到最终验收的各个施工阶段的操作过程、检查结果以及执行各项施工工艺规程和操作程序的全过程真实情况。

注：本内容参照《福建省建筑工程施工文件管理规程》DBJ/13—56—2017 第 3.0.23条的规定。

2.2.3.13　隐蔽工程质量检查和记录

（1）施工单位必须建立、健全施工质量的检验制度，严格工序管理，作好隐蔽工程的质量检查和记录。隐蔽工程在隐蔽前，施工单位应当通知建设单位和建设工程质量监督机构。

注：本内容参照《建设工程质量管理条例》第三十条的规定。

（2）隐蔽工程验收应符合下列要求：

1）隐蔽工程项目检查验收符合设计要求和规范规定的，应明确验收意见，参加检查验收人员应及时签字；

2）隐蔽工程在检查验收中，发现有不符合要求的，应立即进行返修，返修后应再进行验收；经验收仍不合格者，不得进行下道工序的施工；

3）隐蔽工程在隐蔽前应由施工单位提出隐蔽工程验收申请，监理工程师（建设单位项目技术负责人）组织隐蔽工程验收，建设单位代表、专业监理工程师、施工单位项目专业质量（技术）负责人、质检员、施工员等相关人员参加。

注：本内容参照《福建省建筑工程施工文件管理规程 DBJ/13—56—2017》第 3.0.22条的规定。

2.2.3.14　检验批、分项工程、分部工程质量报验工作

按规定做好检验批、分项工程、分部工程的质量报验工作。

2.2.3.15　质量问题和质量事故处理与记录

（1）建筑物在合理使用寿命内，必须确保地基基础工程和主体结构的质量。

建筑工程竣工时，屋顶、墙面不得留有渗漏、开裂等质量缺陷；对已经发现的质量缺陷，建筑施工企业应当修复。

注：本内容参照《中华人民共和国建筑法》第六十条的规定。

（2）施工单位对施工中出现质量问题的建设工程或者竣工验收不合格的建设工程，应当负责返修。

注：本内容参照《建设工程质量管理条例》第三十二条的规定。

（3）建筑工程实行质量保修制度。

建筑工程的保修范围应当包括地基基础工程、主体结构工程、屋面防水工程和其他土建工程，以及电气管线、上下水管线的安装工程，供热、供冷系统工程等项目；保修的期限应当按照保证建筑物合理寿命年限内正常使用，维护使用者合法权益的原则确定。具体的保修范围和最低保修期限由国务院规定。

注：本内容参照《中华人民共和国建筑法》第六十二条的规定。

（4）房屋建筑工程在保修范围和保修期限内出现质量缺陷，施工单位应当履行保修义务。

注：本内容参照《房屋建筑工程质量保修办法》（建设部令第80号）第四条的规定。

（5）房屋建筑工程在保修期限内出现质量缺陷，建设单位或者房屋建筑所有人应当向施工单位发出保修通知。施工单位接到保修通知后，应当到现场核查情况，在保修书约定的时间内予以保修。发生涉及结构安全或者严重影响使用功能的紧急抢修事故，施工单位接到保修通知后，应当立即到达现场抢修。

注：本内容参照《房屋建筑工程质量保修办法》（建设部令第80号）第九条的规定。

（6）发生涉及结构安全的质量缺陷，建设单位或者房屋建筑所有人应当立即向当地建设行政主管部门报告，采取安全防范措施；由原设计单位或者具有相应资质等级的设计单位提出保修方案，施工单位实施保修，原工程质量监督机构负责监督。

注：本内容参照《房屋建筑工程质量保修办法》（建设部令第80号）第十条的规定。

（7）保修完成后，由建设单位或者房屋建筑所有人组织验收。涉及结构安全的，应当报当地建设行政主管部门备案。

注：本内容参照《房屋建筑工程质量保修办法》（建设部令第80号）第十一条的规定。

（8）施工单位不按工程质量保修书约定保修的，建设单位可以另行委托其他单位保修，由原施工单位承担相应责任。

注：本内容参照《房屋建筑工程质量保修办法》（建设部令第80号）第十二条的规定。

（9）保修费用由质量缺陷的责任方承担。

注：本内容参照《房屋建筑工程质量保修办法》（建设部令第80号）第十三条的规定。

（10）在保修期内，因房屋建筑工程质量缺陷造成房屋所有人、使用人或者第三方人身、财产损害的，房屋所有人、使用人或者第三方可以向建设单位提出赔偿要求。建设单位向造成房屋建筑工程质量缺陷的责任方追偿。

注：本内容参照《房屋建筑工程质量保修办法》（建设部令第 80 号）第十四条的规定。

（11）因保修不及时造成新的人身、财产损害，由造成拖延的责任方承担赔偿责任。

注：本内容参照《房屋建筑工程质量保修办法》（建设部令第 80 号）第十五条的规定。

（12）房地产开发企业售出的商品房保修，还应当执行《城市房地产开发经营管理条例》和其他有关规定。

注：本内容参照《房屋建筑工程质量保修办法》（建设部令第 80 号）第十六条的规定。

（13）下列情况不属于本办法规定的保修范围：

1）因使用不当或者第三方造成的质量缺陷；

2）不可抗力造成的质量缺陷。

注：本内容参照《房屋建筑工程质量保修办法》（建设部令第 80 号）第十七条的规定。

2.2.3.16 实体样板和工序样板设置

（1）实施样板示范制度。在分项工程大面积施工前，以现场示范操作、视频影像、图片文字、实物展示、样板间等形式直观展示关键部位、关键工序的做法与要求，使施工人员掌握质量标准和具体工艺，并在施工过程中遵照实施。通过样板引路，将工程质量管理从事后验收提前到施工前的预控和施工过程的控制。按照"标杆引路、以点带面、有序推进、确保实效"的要求，积极培育质量管理标准化示范工程，发挥示范带动作用。

注：本内容参照《住房城乡建设部关于开展工程质量管理标准化工作的通知》（建质〔2017〕242 号）第四章三条的规定。

（2）项目技术负责人应负责项目施工样板引路管理工作，组织项目相关人员编制样板引路方案，并经项目经理审批、建设单位（监理）批准后实施。

1）样板引路是规范施工工艺，保证工程施工重要工序、关键环节的质量控制，消除工程质量通病，提高工程质量整体水平的一种行之有效的做法。

2）工程样板包括：材料样板、加工样板、工序样板、装修样板间等。下列项目必须设立样板：

① 材料、设备的型号、订货必须验收样板，并经建设单位和监理确认。

② 现场成品、半成品加工前，必须先做样板，根据样板质量的标准进行后续大批量的加工和验收。

③ 结构施工时每道工序的第一板块，应作为样板，并经过项目管理机构、监理方、设计方和施工方的四方验收合格后，方可大面积施工。

④ 在装修工程开始前，要先做出样板间，样板间应达到竣工验收的标准，并经过建设方、监理方、设计方和施工方的四方验收合格后，方可正式施工。

3）项目技术负责人应提前策划样板引路方案，每个分项工程或工种（特别是量大面广的分项工程）都要在开始大面积操作前做出示范样板，统一操作要求，明确质量标准。

4）项目技术负责人在样板项目实施前，应对相关管理人员和操作人员进行技术交底，并保存交底记录。

5）项目技术负责人应参加各首批进场材料外观效果的确认以及施工样板的过程检查、验收，并做好各项记录。

6）样板工作完工后，项目技术负责人应组织对样板引路工程的实施情况进行总结及评价，在大范围施工中以样板工程为质量验收标准进行控制，并保存其资料。

注：本内容参照《建设工程项目技术负责人执业导则》RISN-TG 017—2014 第 5.1.2 条的规定。

2.2.3.17 不合格试验报告处置要求

按规定处置不合格试验报告。

2.2.4 监理单位质量行为要求

📋《工程质量安全手册》第 2.2.4 条：

监理单位。

（1）总监理工程师资格应符合要求，并到岗履职。

（2）配备足够的具备资格的监理人员，并到岗履职。

（3）编制并实施监理规划。

（4）编制并实施监理实施细则。

（5）对施工组织设计、施工方案进行审查。

（6）对建筑材料、建筑构配件和设备投入使用或安装前进行审查。

（7）对分包单位的资质进行审核。

（8）对重点部位、关键工序实施旁站监理，做好旁站记录。

（9）对施工质量进行巡查，做好巡查记录。

（10）对施工质量进行平行检验，做好平行检验记录。

（11）对隐蔽工程进行验收。

（12）对检验批工程进行验收。

（13）对分项、分部（子分部）工程按规定进行质量验收。

（14）签发质量问题通知单，复查质量问题整改结果。

📖**实施细则：**

1. 监理人员的要求及职责

（1）监理人员的要求。

1）项目监理机构的监理人员由总监理工程师、专业监理工程师和监理员组成，且专业配套、数量满足监理工作需要。在下列情况下项目监理机构可设置总监理工程师代表：

① 工程规模较大、专业较复杂，总监理工程师难以处理多个专业工程时，可按专业设总监理工程师代表；

② 一个建设工程监理合同中包含多个相对独立的施工合同，可按施工合同段设总监

理工程师代表；

③ 工程规模较大、地域比较分散，可按工程地域设总监理工程师代表。

除总监理工程师、专业监理工程师和监理员外，项目监理机构还可根据监理工作需要，配备文秘、翻译、司机和其他行政辅助人员。项目监理机构应根据建设工程不同阶段的需要配备监理人员的数量和专业，有序安排相关监理人员进场。

2）工程监理单位调换总监理工程师的，事先应征得建设单位同意；调换专业监理工程师的，总监理工程师应书面通知建设单位。

3）总监理工程师可同时担任其他建设工程的总监理工程师，但最多不得超过三项。

注：本内容参照《建设工程监理规范》GB/T 50319—2013 第 4.1.2、4.1.4、4.1.5 条的规定。

（2）总监理工程师职责。

1）确定项目监理机构人员及其岗位职责；

2）组织编制监理规划，审批监理实施细则；

3）根据工程进展情况安排监理人员进场，检查监理人员工作，调换不称职监理人员；

4）组织召开监理例会；

5）组织审核分包单位资格；

6）组织审查施工组织设计、（专项）施工方案、应急救援预案；

7）审查开复工报审表，签发开工令、工程暂停令和复工令；

8）组织检查施工单位现场质量、安全生产管理体系的建立及运行情况；

9）组织审核施工单位的付款申请，签发工程款支付证书，组织审核竣工结算；

10）组织审查和处理工程变更；

11）调解建设单位与施工单位的合同争议，处理费用与工期索赔；

12）组织验收分部工程，组织审查单位工程质量检验资料；

13）审查施工单位的竣工申请，组织工程竣工预验收，组织编写工程质量评估报告，参与工程竣工验收；

14）参与或配合工程质量安全事故的调查和处理；

15）组织编写监理月报、监理工作总结，组织整理监理文件资料。

注：本内容参照《建设工程监理规范》GB/T 50319—2013 第 4.2.1 条的规定。

（3）总监理工程师不得委托给总监理工程师代表的工作。

1）组织编制监理规划，审批监理实施细则；

2）根据工程进展情况安排监理人员进场，调换不称职监理人员；

3）组织审查施工组织设计、（专项）施工方案、应急救援预案；

4）签发开工令、工程暂停令和复工令；

5）签发工程款支付证书，组织审核竣工结算；

6）调解建设单位与施工单位的合同争议，处理费用与工期索赔；

7）审查施工单位的竣工申请，组织工程竣工预验收，组织编写工程质量评估报告，参与工程竣工验收；

8）参与或配合工程质量安全事故的调查和处理。

注：本内容参照《建设工程监理规范》GB/T 50319—2013 第 4.2.2 条的规定。

（4）专业监理工程师职责。

1）参与编制监理规划，负责编制监理实施细则；

2）审查施工单位提交的涉及本专业的报审文件，并向总监理工程师报告；

3）参与审核分包单位资格；

4）指导、检查监理员工作，定期向总监理工程师报告本专业监理工作实施情况；

5）检查进场的工程材料、设备、构配件的质量；

6）验收检验批、隐蔽工程、分项工程；

7）处置发现的质量问题和安全事故隐患；

8）进行工程计量；

9）参与工程变更的审查和处理；

10）填写监理日志，参与编写监理月报；

11）收集、汇总、参与整理监理文件资料；

12）参与工程竣工预验收和竣工验收。

注：本内容参照《建设工程监理规范》GB/T 50319—2013 第 4.2.3 条的规定。

（5）监理员职责。

1）检查施工单位投入工程的人力、主要设备的使用及运行状况；

2）进行见证取样；

3）复核工程计量有关数据；

4）检查和记录工艺过程或施工工序；

5）处置发现的施工作业问题；

6）记录施工现场监理工作情况。

注：本内容参照《建设工程监理规范》GB/T 50319—2013 第 4.2.4 条的规定。

2. 监理规划及监理实施细则的编制与实施

（1）监理规划的编制与实施。

1）监理规划应针对建设工程实际情况进行编制，故应在签订建设工程监理合同及收到工程设计文件后开始编制，此外，还应结合施工组织设计、施工图审查意见等文件资料进行编制。一个监理项目应编制一个监理规划。监理规划应在召开第一次工地会议前报送建设单位。

2）监理规划由总监理工程师组织专业监理工程师编制；总监理工程师签字后由工程监理单位技术负责人审批。

3）监理规划的主要内容。

① 工程概况；

② 监理工作的范围、内容、目标；

③ 监理工作依据；

④ 监理组织形式、人员配备及进场计划、监理人员岗位职责；

⑤ 工程质量控制；

⑥ 工程造价控制；

⑦ 工程进度控制；

⑧ 合同与信息管理；

⑨ 组织协调；

⑩ 安全生产管理职责；

⑪ 监理工作制度；

⑫ 监理工作设施。

4）在监理工作实施过程中，建设工程的实施可能会发生较大变化，如设计方案重大修改、承包方式发生变化、工期和质量要求发生重大变化，或者当原监理规划所确定的程序、方法、措施和制度等需要做重大调整时，总监理工程师应及时组织专业监理工程师修改监理规划，经工程监理单位技术负责人批准后报建设单位。

注：本内容参照《建设工程监理规范》GB/T 50319—2013 第5.2节的规定。

（2）监理实施细则的编制与实施。

1）项目监理机构应结合工程特点、施工环境、施工工艺等编制监理实施细则，明确监理工作要点、监理工作流程和监理工作方法及措施，达到规范和指导监理工作的目的。

采用新材料、新工艺、新技术、新设备的工程，以及专业性较强、危险性较大的分部分项工程，应编制监理实施细则；对工程规模较小、技术较简单且有成熟管理经验和措施的，可不必编制监理实施细则。

2）监理实施细则应在相应工程施工开始前由专业监理工程师编制，并报总监理工程师审批。

3）监理实施细则应依据监理规划、相关标准及工程设计文件、施工组织设计、专项施工方案编制。

4）监理实施细则主要内容：

① 专业工程特点；

② 监理工作流程；

③ 监理工作要点；

④ 监理工作方法及措施。

5）在监理工作实施过程中，监理实施细则可根据实际情况进行补充、修改，经总监理工程师批准后实施。

注：本内容参照《建设工程监理规范》GB/T 50319—2013 第5.3节的规定。

3. 对施工方案、分包单位资质及材料、设备的审查

（1）总监理工程师应组织专业监理工程师审查施工单位报审的施工方案，符合要求后予以签认。施工方案审查的基本内容：

1）编审程序应符合相关规定；

2）工程质量保证措施应符合有关标准。

（2）分包工程开工前，项目监理机构应审核施工单位报送的分包单位资格报审表，专业监理工程师提出审核意见后，由总监理工程师签发。

分包单位资格审核的基本内容：

1）营业执照、企业资质等级证书；

2）安全生产许可文件；

3）类似工程业绩；

4）专职管理人员和特种作业人员的资格证书。

（3）专业监理工程师应审查施工单位报送的新材料、新工艺、新技术、新设备的质量认证材料和相关验收标准的适用性，专业监理工程师审查时，可根据具体情况要求施工单位提供相应的检验、检测、试验、鉴定或评估报告及相应的验收标准。项目监理机构认为有必要进行专题论证时，施工单位应组织专题论证会，审查合格后报总监理工程师签认。

（4）专业监理工程师应检查施工单位的试验室，检查的内容包括：

1）试验室的资质等级及试验范围；

2）法定计量部门对试验设备出具的计量检定证明；

3）试验室管理制度；

4）试验人员资格证书。

（5）项目监理机构应审查施工单位报送的用于工程的材料、设备、构配件的质量证明文件，并按照有关规定或建设工程监理合同约定，对用于工程的材料进行见证取样、平行检验。对已进场经检验不合格的工程材料、设备、构配件，项目监理机构应要求施工单位限期将其撤出施工现场。

（6）专业监理工程师应要求施工单位定期提交影响工程质量的计量设备的检查和检定报告。

注：本内容参照《建设工程监理规范》GB/T 50319—2013 第 6.2.1～6.2.7 条的规定。

4. 旁站监理与质量巡查

监理人员应对施工过程进行巡视，并对关键部位、关键工序的施工过程进行旁站，填写旁站记录。监理人员巡视的主要内容包括：

（1）施工单位是否按照工程设计文件、工程建设标准和批准的施工组织设计（专项）施工方案施工；

（2）使用的工程材料、设备和构配件是否合格；

（3）施工现场管理人员，特别是施工质量管理人员是否到位；

（4）特种作业人员是否持证上岗。

旁站的关键部位、关键工序应由项目监理机构与施工单位按照有关规定协商确定，施工单位在施工前应将相应的施工计划报送项目监理机构。监理人员发现质量问题或质量隐患的，应及时作出处置。

注：本内容参照《建设工程监理规范》GB/T 50319—2013 第 6.2.8 条的规定。

5. 隐蔽工程、检验批、分项、分部（子分部）工程验收

专业监理工程师应根据施工单位报验的检验批、隐蔽工程、分项工程进行验收，提出验收意见。总监理工程师应组织监理人员对施工单位报验的分部工程进行验收，签署验收意见。

对验收不合格的检验批、隐蔽工程、分项工程和分部工程，项目监理机构应拒绝签认，并严禁施工单位进行下一道工序施工。

注：本内容参照《建设工程监理规范》GB/T 50319—2013 第 6.2.9 条的规定。

6. 质量问题的整改

（1）项目监理机构发现施工存在质量问题的，应及时签发监理通知，要求施工单位整

改。整改完毕后，项目监理机构应根据施工单位报送的监理通知回复单对整改情况进行复查，提出复查意见。

（2）总监理工程师签发工程暂停令或签发复工令，应事先征得建设单位同意。在紧急情况下，未能事先征得建设单位同意的，应在事后及时向建设单位书面报告。施工单位未按要求停工或复工的，项目监理机构应及时报告建设单位。

（3）项目监理机构发现下列情形之一的，总监理工程师应及时签发工程暂停令，要求施工单位停工整改：

1）施工单位未经批准擅自施工的；

2）施工单位未按审查通过的工程设计文件施工的；

3）施工单位未按批准的施工组织设计施工或违反工程建设强制性标准的；

4）施工存在重大质量事故隐患或发生质量事故的。

项目监理机构应对施工单位的整改过程、结果进行检查、验收，符合要求的，总监理工程师应及时签发复工令。

（4）对需要返工处理或加固补强的质量事故，项目监理机构应要求施工单位报送质量事故调查报告和经设计等相关单位认可的处理方案，并对质量事故的处理过程进行跟踪检查，对处理结果进行验收。

项目监理机构应及时向建设单位提交质量事故书面报告，并应将完整的质量事故处理记录整理归档。

项目监理机构向建设单位提交的质量事故书面报告的主要内容包括：

1）工程及各参建单位名称；

2）质量事故发生的时间、地点、工程部位；

3）事故发生的简要经过、造成工程损伤状况、伤亡人数和直接经济损失的初步估计；

4）事故发生原因的初步判断；

5）事故发生后采取的措施及处理方案；

6）事故处理的过程及结果。

注：本内容参照《建设工程监理规范》GB/T 50319—2013 第 6.2.10～6.2.12 条的规定。

2.2.5 检测单位质量行为要求

📋 《工程质量安全手册》第 2.2.5 条：

检测单位。

（1）不得转包检测业务。

（2）不得涂改、倒卖、出租、出借或者以其他形式非法转让资质证书。

（3）不得推荐或者监制建筑材料、构配件和设备。

（4）不得与行政机关，法律、法规授权的具有管理公共事务职能的组织以及所检测工程项目相关的设计单位、施工单位、监理单位有隶属关系或者其他利害关系。

（5）应当按照国家有关工程建设强制性标准进行检测。

（6）应当对检测数据和检测报告的真实性和准确性负责。

（7）应当将检测过程中发现的建设单位、监理单位、施工单位违反有关法律、法规和工程建设强制性标准的情况，以及涉及结构安全检测结果的不合格情况，及时报告工程所在地住房城乡建设主管部门。

（8）应当单独建立检测结果不合格项目台账。

（9）应当建立档案管理制度。检测合同、委托单、原始记录、检测报告应当按年度统一编号，编号应当连续，不得随意抽撤、涂改。

📖实施细则：

1. 资质证书的延期与撤回

（1）检测机构资质证书有效期为3年。资质证书有效期满需要延期的，检测机构应当在资质证书有效期满30个工作日前申请办理延期手续。

（2）检测机构在资质证书有效期内没有下列行为的，资质证书有效期届满时，经原审批机关同意，不再审查，资质证书有效期延期3年，由原审批机关在其资质证书副本上加盖延期专用章；检测机构在资质证书有效期内有下列行为之一的，原审批机关不予延期：

1）超出资质范围从事检测活动的；

2）转包检测业务的；

3）涂改、倒卖、出租、出借或者以其他形式非法转让资质证书的；

4）未按照国家有关工程建设强制性标准进行检测，造成质量安全事故或致使事故损失扩大的；

5）伪造检测数据，出具虚假检测报告或者鉴定结论的。

（3）检测机构取得检测机构资质后，不再符合相应资质标准的，省、自治区、直辖市人民政府建设主管部门根据利害关系人的请求或者依据职权，可以责令其限期改正；逾期不改的，可以撤回相应的资质证书。

（4）任何单位和个人不得涂改、倒卖、出租、出借或者以其他形式非法转让资质证书。

注：本内容参照《建设工程质量检测管理办法》第八条、第九条、第十条的规定。

2. 检测数据的真实性和准确性

（1）见证人员必须对见证取样和送检的过程进行见证，且必须保证见证取样和送检过程的真实性。

注：本内容参照《建筑工程检测试验技术管理规范》JGJ 190—2010 第 3.0.4 条的规定。

（2）检测机构应确保监测数据和检测报告的真实性和准确性。

注：本内容参照《建筑工程检测试验技术管理规范》JGJ 190—2010 第 3.0.8 条的规定。

（3）任何单位和个人不得明示或者暗示检测机构出具虚假检测报告，不得篡改或者伪造检测报告。

（4）检测机构应当对其检测数据和检测报告的真实性和准确性负责。

注：本内容参照《建设工程质量检测管理办法》第十五条、第十八条的规定。

3. 检测机构违法行为的处罚

（1）检测机构违反本办法规定，有下列行为之一的，由县级以上地方人民政府建设主管部门责令改正，可并处1万元以上3万元以下的罚款；构成犯罪的，依法追究刑事责任：

1）超出资质范围从事检测活动的；

2）涂改、倒卖、出租、出借、转让资质证书的；

3）使用不符合条件的检测人员的；

4）未按规定上报发现的违法违规行为和检测不合格事项的；

5）未按规定在检测报告上签字盖章的；

6）未按照国家有关工程建设强制性标准进行检测的；

7）档案资料管理混乱，造成检测数据无法追溯的；

8）转包检测业务的。

（2）检测机构伪造检测数据，出具虚假检测报告或者鉴定结论的，县级以上地方人民政府建设主管部门给予警告，并处3万元罚款；给他人造成损失的，依法承担赔偿责任；构成犯罪的，依法追究其刑事责任。

（3）检测机构隐瞒有关情况或者提供虚假材料申请资质的，省、自治区、直辖市人民政府建设主管部门不予受理或者不予行政许可，并给予警告，1年之内不得再次申请资质。

注：本内容参照《建设工程质量检测管理办法》第二十九条、第三十条、第三十一条的规定。

4. 档案管理制度及台账管理

（1）检测机构应当建立档案管理制度。检测合同、委托单、原始记录、检测报告应当按年度统一编号，编号应当连续，不得随意抽撤、涂改。

（2）检测机构应当单独建立检测结果不合格项目台账。

注：本内容参照《建设工程质量检测管理办法》第二十条的规定。

（3）施工现场应按照单位工程分别建立下列试样台账：

1）钢筋试样台账；

2）钢筋连接接头试样台账；

3）混凝土试样台账；

4）砂浆试样台账；

5）需要建立的其他试样台账。

（4）现场试验人员制取试样并做出标识后，应按试样编号顺序登记试样台账。

（5）检测试验结果为不合格或不符合要求时，应在试样台账中注明处置情况。

（6）试样台账应作为施工资料保存。

注：本内容参照《建筑工程检测试验技术管理规范》JGJ 190—2010 第 5.5.1～5.5.4 条的规定。

2.3 安全行为要求

2.3.1 建设单位安全行为要求

📋《工程质量安全手册》第 2.3.1 条：

建设单位。

(1) 按规定办理施工安全监督手续。

(2) 与参建各方签订的合同中应当明确安全责任，并加强履约管理。

(3) 按规定将委托的监理单位、监理的内容及监理权限书面通知被监理的建筑施工企业。

(4) 在组织编制工程概算时，按规定单独列支安全生产措施费用，并按规定及时向施工单位支付。

(5) 在开工前按规定向施工单位提供施工现场及毗邻区域内相关资料，并保证资料的真实、准确、完整。

📖实施细则：

2.3.1.1 施工安全监督手续

按规定办理施工安全监督手续。

(1) 建设单位申请领取施工许可证，应当具备的条件之一就是：有保证工程质量和安全的具体措施。施工企业编制的施工组织设计中有根据建筑工程特点制定的相应质量、安全技术措施。建立工程质量安全责任制并落实到人。专业性较强的工程项目编制了专项质量、安全施工组织设计，并按照规定办理了工程质量、安全监督手续。

注：本内容参照《建筑工程施工许可管理办法》（住房城乡建设部令第 18 号）第四条（六）的规定。

(2) 建设单位在申请办理安全监督手续时，应当提交危大工程清单及其安全管理措施等资料。

注：本内容参照《危险性较大的分部分项工程安全管理规定》（住房城乡建设部令第 37 号）第九条的规定。

(3) 建设单位项目负责人应当在项目开工前按照国家有关规定办理工程质量、安全监督手续，申请领取施工许可证。依法应当实行监理的工程，应当委托工程监理单位进行监理。

注：本内容参照《建设单位项目负责人质量安全责任八项规定（试行）》第五条的规定。

2.3.1.2 明确安全责任

1. 建设单位的安全责任

(1) 建设单位应当向施工单位提供施工现场及毗邻区域内供水、排水、供电、供气、供热、通信、广播电视等地下管线资料，气象和水文观测资料，相邻建筑物和构筑物、地下工程的有关资料，并保证资料的真实、准确、完整。

82

建设单位因建设工程需要，向有关部门或者单位查询前款规定的资料时，有关部门或者单位应当及时提供。

（2）建设单位不得对勘察、设计、施工、工程监理等单位提出不符合建设工程安全生产法律、法规和强制性标准规定的要求，不得压缩合同约定的工期。

（3）建设单位在编制工程概算时，应当确定建设工程安全作业环境及安全施工措施所需费用。

（4）建设单位不得明示或者暗示施工单位购买、租赁、使用不符合安全施工要求的安全防护用具、机械设备、施工机具及配件、消防设施和器材。

（5）建设单位在申请领取施工许可证时，应当提供建设工程有关安全施工措施的资料。

依法批准开工报告的建设工程，建设单位应当自开工报告批准之日起 15 日内，将保证安全施工的措施报送建设工程所在地的县级以上地方人民政府建设行政主管部门或者其他有关部门备案。

（6）建设单位应当将拆除工程发包给具有相应资质等级的施工单位。

建设单位应当在拆除工程施工 15 日前，将下列资料报送建设工程所在地的县级以上地方人民政府建设行政主管部门或者其他有关部门备案：

1）施工单位资质等级证明；

2）拟拆除建筑物、构筑物及可能危及毗邻建筑的说明；

3）拆除施工组织方案；

4）堆放、清除废弃物的措施。

实施爆破作业的，应当遵守国家有关民用爆炸物品管理的规定。

注：本内容参照《建设工程安全生产管理条例》第二章的规定。

2. 勘察、设计单位的安全责任

（1）勘察单位应当按照法律、法规和工程建设强制性标准进行勘察，提供的勘察文件应当真实、准确，满足建设工程安全生产的需要。

勘察单位在勘察作业时，应当严格执行操作规程，采取措施保证各类管线、设施和周边建筑物、构筑物的安全。

（2）设计单位应当按照法律、法规和工程建设强制性标准进行设计，防止因设计不合理导致生产安全事故的发生。

设计单位应当考虑施工安全操作和防护的需要，对涉及施工安全的重点部位和环节在设计文件中注明，并对防范生产安全事故提出指导意见。

采用新结构、新材料、新工艺的建设工程和特殊结构的建设工程，设计单位应当在设计中提出保障施工作业人员安全和预防生产安全事故的措施建议。

设计单位和注册建筑师等注册执业人员应当对其设计负责。

注：本内容参照《建设工程安全生产管理条例》第十二和十三条的规定。

3. 工程监理单位的安全责任

工程监理单位应当审查施工组织设计中的安全技术措施或者专项施工方案是否符合工程建设强制性标准。

工程监理单位在实施监理过程中，发现存在安全事故隐患的，应当要求施工单位整改；情况严重的，应当要求施工单位暂时停止施工，并及时报告建设单位。施工单位拒不整改或者不停止施工的，工程监理单位应当及时向有关主管部门报告。

工程监理单位和监理工程师应当按照法律、法规和工程建设强制性标准实施监理，并对建设工程安全生产承担监理责任。

注：本内容参照《建设工程安全生产管理条例》第十四条的规定。

4．施工单位的安全责任

（1）施工单位从事建设工程的新建、扩建、改建和拆除等活动，应当具备国家规定的注册资本、专业技术人员、技术装备和安全生产等条件，依法取得相应等级的资质证书，并在其资质等级许可的范围内承揽工程。

（2）施工单位主要负责人依法对本单位的安全生产工作全面负责。施工单位应当建立健全安全生产责任制度和安全生产教育培训制度，制定安全生产规章制度和操作规程，保证本单位安全生产条件所需资金的投入，对所承担的建设工程进行定期和专项安全检查，并做好安全检查记录。

施工单位的项目负责人应当由取得相应执业资格的人员担任，对建设工程项目的安全施工负责，落实安全生产责任制度、安全生产规章制度和操作规程，确保安全生产费用的有效使用，并根据工程的特点组织制定安全施工措施，消除安全事故隐患，及时、如实报告生产安全事故。

（3）施工单位对列入建设工程概算的安全作业环境及安全施工措施所需费用，应当用于施工安全防护用具及设施的采购和更新、安全施工措施的落实、安全生产条件的改善，不得挪作他用。

（4）各施工单位应当设立安全生产管理机构，配备专职安全生产管理人员。

专职安全生产管理人员负责对安全生产进行现场监督检查。发现安全事故隐患，应当及时向项目负责人和安全生产管理机构报告；对违章指挥、违章操作的，应当立即制止。

专职安全生产管理人员的配备办法由国务院建设行政主管部门会同国务院其他有关部门制定。

（5）建设工程实行施工总承包的，由总承包单位对施工现场的安全生产负总责。

总承包单位应当自行完成建设工程主体结构的施工。

总承包单位依法将建设工程分包给其他单位的，分包合同中应当明确各自的安全生产方面的权利、义务。总承包单位和分包单位对分包工程的安全生产承担连带责任。

分包单位应当服从总承包单位的安全生产管理，分包单位不服从管理导致生产安全事故的，由分包单位承担主要责任。

（6）垂直运输机械作业人员、安装拆卸工、爆破作业人员、起重信号工、登高架设作业人员等特种作业人员，必须按照国家有关规定经过专门的安全作业培训，并取得特种作业操作资格证书后，方可上岗作业。

（7）施工单位应当在施工组织设计中编制安全技术措施和施工现场临时用电方案，对下列达到一定规模的危险性较大的分部分项工程编制专项施工方案，并附具安全验算结果，经施工单位技术负责人、总监理工程师签字后实施，由专职安全生产管理人员进行现场监督：

1）基坑支护与降水工程；

2) 土方开挖工程；

3) 模板工程；

4) 起重吊装工程；

5) 脚手架工程；

6) 拆除、爆破工程；

7) 国务院建设行政主管部门或者其他有关部门规定的其他危险性较大的工程。

对前款所列工程中涉及深基坑、地下暗挖工程、高大模板工程的专项施工方案，施工单位还应当组织专家进行论证、审查。

（8）建设工程施工前，施工单位负责项目管理的技术人员应当对有关安全施工的技术要求向施工作业班组、作业人员作出详细说明，并由双方签字确认。

（9）施工单位应当在施工现场入口处、施工起重机械、临时用电设施、脚手架、出入通道口、楼梯口、电梯井口、孔洞口、桥梁口、隧道口、基坑边沿、爆破物及有害危险气体和液体存放处等危险部位，设置明显的安全警示标志。安全警示标志必须符合国家标准。

施工单位应当根据不同施工阶段和周围环境及季节、气候的变化，在施工现场采取相应的安全施工措施。施工现场暂时停止施工的，施工单位应当做好现场防护，所需费用由责任方承担，或者按照合同约定执行。

（10）施工单位应当将施工现场的办公、生活区与作业区分开设置，并保持安全距离；办公、生活区的选址应当符合安全性要求。职工的膳食、饮水、休息场所等应当符合卫生标准。施工单位不得在尚未竣工的建筑物内设置员工集体宿舍。

施工现场临时搭建的建筑物应当符合安全使用要求。施工现场使用的装配式活动房屋应当具有产品合格证。

（11）施工单位对因建设工程施工可能造成损害的毗邻建筑物、构筑物和地下管线等，应当采取专项防护措施。

施工单位应当遵守有关环境保护法律、法规的规定，在施工现场采取措施，防止或者减少粉尘、废气、废水、固体废物、噪声、振动和施工照明对人和环境的危害和污染。

在城市市区内的建设工程，施工单位应当对施工现场实行封闭围挡。

（12）施工单位应当在施工现场建立消防安全责任制度，确定消防安全责任人，制定用火、用电、使用易燃易爆材料等各项消防安全管理制度和操作规程，设置消防通道、消防水源，配备消防设施和灭火器材，并在施工现场入口处设置明显标志。

（13）施工单位应当向作业人员提供安全防护用具和安全防护服装，并书面告知危险岗位的操作规程和违章操作的危害。

作业人员有权对施工现场的作业条件、作业程序和作业方式中存在的安全问题提出批评、检举和控告，有权拒绝违章指挥和强令冒险作业。

在施工中发生危及人身安全的紧急情况时，作业人员有权立即停止作业或者在采取必要的应急措施后撤离危险区域。

（14）作业人员应当遵守安全施工的强制性标准、规章制度和操作规程，正确使用安全防护用具、机械设备等。

（15）施工单位采购、租赁的安全防护用具、机械设备、施工机具及配件，应当具有生产（制造）许可证、产品合格证，并在进入施工现场前进行查验。

施工现场的安全防护用具、机械设备、施工机具及配件必须由专人管理，定期进行检查、维修和保养，建立相应的资料档案，并按照国家有关规定及时报废。

（16）施工单位在使用施工起重机械和整体提升脚手架、模板等自升式架设设施前，应当组织有关单位进行验收，也可以委托具有相应资质的检验检测机构进行验收；使用承租的机械设备和施工机具及配件的，由施工总承包单位、分包单位、出租单位和安装单位共同进行验收。验收合格的方可使用。

《特种设备安全监察条例》规定的施工起重机械，在验收前应当经有相应资质的检验检测机构监督检验合格。

施工单位应当自施工起重机械和整体提升脚手架、模板等自升式架设设施验收合格之日起30日内，向建设行政主管部门或者其他有关部门登记。登记标志应当置于或者附着于该设备的显著位置。

（17）施工单位的主要负责人、项目负责人、专职安全生产管理人员应当经建设行政主管部门或者其他有关部门考核合格后方可任职。

施工单位应当对管理人员和作业人员每年至少进行一次安全生产教育培训，其教育培训情况记入个人工作档案。安全生产教育培训考核不合格的人员，不得上岗。

（18）作业人员进入新的岗位或者新的施工现场前，应当接受安全生产教育培训。未经教育培训或者教育培训考核不合格的人员，不得上岗作业。

施工单位在采用新技术、新工艺、新设备、新材料时，应当对作业人员进行相应的安全生产教育培训。

（19）施工单位应当为施工现场从事危险作业的人员办理意外伤害保险。

意外伤害保险费由施工单位支付。实行施工总承包的，由总承包单位支付意外伤害保险费。意外伤害保险期限自建设工程开工之日起至竣工验收合格止。

注：本内容参照《建设工程安全生产管理条例》第四章的规定。

5. 其他有关单位的安全责任

（1）为建设工程提供机械设备和配件的单位，应当按照安全施工的要求配备齐全有效的保险、限位等安全设施和装置。

（2）出租的机械设备和施工机具及配件，应当具有生产（制造）许可证、产品合格证。

出租单位应当对出租的机械设备和施工机具及配件的安全性能进行检测，在签订租赁协议时，应当出具检测合格证明。

禁止出租检测不合格的机械设备和施工机具及配件。

（3）在施工现场安装、拆卸施工起重机械和整体提升脚手架、模板等自升式架设设施，必须由具有相应资质的单位承担。

安装、拆卸施工起重机械和整体提升脚手架、模板等自升式架设设施，应当编制拆装方案、制定安全施工措施，并由专业技术人员现场监督。

施工起重机械和整体提升脚手架、模板等自升式架设设施安装完毕后，安装单位应当自检，出具自检合格证明，并向施工单位进行安全使用说明，办理验收手续并签字。

（4）施工起重机械和整体提升脚手架、模板等自升式架设设施的使用达到国家规定的检验检测期限的，必须经具有专业资质的检验检测机构检测。经检测不合格的，不得继续使用。

（5）检验检测机构对检测合格的施工起重机械和整体提升脚手架、模板等自升式架设设施，应当出具安全合格证明文件，并对检测结果负责。

注：本内容参照《建设工程安全生产管理条例》第十五、十六、十七、十八条的规定。

2.3.1.3 协调监理单位

（1）实行监理的建筑工程，由建设单位委托具有相应资质条件的工程监理单位监理。建设单位与其委托的工程监理单位应当订立书面委托监理合同。

注：本内容参照《中华人民共和国建筑法》第三十一条的规定。

（2）实施建筑工程监理前，建设单位应当将委托的工程监理单位、监理的内容及监理权限，书面通知被监理的建筑施工企业。

注：本内容参照《中华人民共和国建筑法》第三十三条的规定。

（3）工程监理单位应当在其资质等级许可的监理范围内，承担工程监理业务。工程监理单位应当根据建设单位的委托，客观、公正地执行监理任务。

注：本内容参照《中华人民共和国建筑法》第三十四条的规定。

（4）工程监理单位不按照委托监理合同的约定履行监理义务，对应当监督检查的项目不检查或者不按照规定检查，给建设单位造成损失的，应当承担相应的赔偿责任。

工程监理单位与承包单位串通，为承包单位谋取非法利益，给建设单位造成损失的，应当与承包单位承担连带赔偿责任。

注：本内容参照《中华人民共和国建筑法》第三十五条的规定。

（5）建设单位申请领取施工许可证，应当具备的条件之一就有：按照规定应当委托监理的工程已委托监理。

注：本内容参照《建筑工程施工许可管理办法》（住房城乡建设部令第 18 号）第四条（七）的规定。

2.3.1.4 安全生产措施费

（1）建设单位在编制工程概算时，应当确定建设工程安全作业环境及安全施工措施所需费用。

注：本内容参照《建设工程安全生产管理条例》第八条的规定。

（2）违反《建设工程安全生产管理条例》的规定，建设单位未提供建设工程安全生产作业环境及安全施工措施所需费用的，责令限期改正；逾期未改正的，责令该建设工程停止施工。

建设单位未将保证安全施工的措施或者拆除工程的有关资料报送有关部门备案的，责令限期改正，给予警告。

注：本内容参照《建设工程安全生产管理条例》第五十四条的规定。

（3）建设单位应当按照施工合同约定及时支付危大工程施工技术措施费以及相应的安全防护文明施工措施费，保障危大工程施工安全。

注：本内容参照《危险性较大的分部分项工程安全管理规定》（住房城乡建设部令第 37 号）第八条的规定。

2.3.1.5 准确完整提供资料

建设单位应当向施工单位提供施工现场及毗邻区域内供水、排水、供电、供气、供热、通信、广播电视等地下管线资料，气象和水文观测资料，相邻建筑物和构筑物、地下工程的有关资料，并保证资料的真实、准确、完整。

建设单位因建设工程需要，向有关部门或者单位查询前款规定的资料时，有关部门或者单位应当及时提供。

注：本内容参照《建设工程安全生产管理条例》第六条的规定。

2.3.2 勘察、设计单位安全行为要求

📋《工程质量安全手册》第2.3.2条：

勘察、设计单位。

（1）勘察单位按规定进行勘察，提供的勘察文件应当真实、准确。

（2）勘察单位按规定在勘察文件中说明地质条件可能造成的工程风险。

（3）设计单位应当按照法律法规和工程建设强制性标准进行设计，防止因设计不合理导致生产安全事故的发生。

（4）设计单位应当按规定在设计文件中注明施工安全的重点部位和环节，并对防范生产安全事故提出指导意见。

（5）设计单位应当按规定在设计文件中提出特殊情况下保障施工作业人员安全和预防生产安全事故的措施建议。

📖实施细则：

2.3.2.1 勘察文件真实准确

勘察单位按规定进行勘察，提供的勘察文件应当真实、准确。

1. 资质资格管理

（1）国家对从事建设工程勘察、设计活动的单位，实行资质管理制度。具体办法由国务院建设行政主管部门会同国务院有关部门制定。

（2）建设工程勘察、设计单位应当在其资质等级许可的范围内承揽建设工程勘察、设计业务。

禁止建设工程勘察、设计单位超越其资质等级许可的范围或者以其他建设工程勘察、设计单位的名义承揽建设工程勘察、设计业务。禁止建设工程勘察、设计单位允许其他单位或者个人以本单位的名义承揽建设工程勘察、设计业务。

（3）国家对从事建设工程勘察、设计活动的专业技术人员，实行执业资格注册管理制度。

未经注册的建设工程勘察、设计人员，不得以注册执业人员的名义从事建设工程勘察、设计活动。

（4）建设工程勘察、设计注册执业人员和其他专业技术人员只能受聘于一个建设工程勘察、设计单位；未受聘于建设工程勘察、设计单位的，不得从事建设工程的勘察、设计活动。

（5）建设工程勘察、设计单位资质证书和执业人员注册证书，由国务院建设行政主管部门统一制作。

注：本内容参照《建设工程勘察设计管理条例》第二章的规定。

2. 建设工程勘察设计发包与承包

（1）建设工程勘察、设计发包依法实行招标发包或者直接发包。

（2）建设工程勘察、设计应当依照《中华人民共和国招标投标法》的规定，实行招标发包。

（3）建设工程勘察、设计方案评标，应当以投标人的业绩、信誉和勘察、设计人员的能力以及勘察、设计方案的优劣为依据，进行综合评定。

（4）建设工程勘察、设计的招标人应当在评标委员会推荐的候选方案中确定中标方案。但是，建设工程勘察、设计的招标人认为评标委员会推荐的候选方案不能最大限度满足招标文件规定的要求的，应当依法重新招标。

（5）下列建设工程的勘察、设计，经有关主管部门批准，可以直接发包：

1）采用特定的专利或者专有技术的；

2）建筑艺术造型有特殊要求的；

3）国务院规定的其他建设工程的勘察、设计。

（6）发包方不得将建设工程勘察、设计业务发包给不具有相应勘察、设计资质等级的建设工程勘察、设计单位。

（7）发包方可以将整个建设工程的勘察、设计发包给一个勘察、设计单位；也可以将建设工程的勘察、设计分别发包给几个勘察、设计单位。

（8）除建设工程主体部分的勘察、设计外，经发包方书面同意，承包方可以将建设工程其他部分的勘察、设计再分包给其他具有相应资质等级的建设工程勘察、设计单位。

（9）建设工程勘察、设计单位不得将所承揽的建设工程勘察、设计转包。

（10）承包方必须在建设工程勘察、设计资质证书规定的资质等级和业务范围内承揽建设工程的勘察、设计业务。

（11）建设工程勘察、设计的发包方与承包方，应当执行国家规定的建设工程勘察、设计程序。

（12）建设工程勘察、设计的发包方与承包方应当签订建设工程勘察、设计合同。

（13）建设工程勘察、设计发包方与承包方应当执行国家有关建设工程勘察费、设计费的管理规定。

注：本内容参照《建设工程勘察设计管理条例》第三章的规定。

3. 编制建设工程勘察、设计文件

（1）编制建设工程勘察、设计文件，应当以下列规定为依据：

1）项目批准文件；

2）城乡规划；

3）工程建设强制性标准；

4）国家规定的建设工程勘察、设计深度要求。

铁路、交通、水利等专业建设工程，还应当以专业规划的要求为依据。

注：本内容参照《建设工程勘察设计管理条例》第二十五条的规定。

（2）编制建设工程勘察文件，应当真实、准确，满足建设工程规划、选址、设计、岩土治理和施工的需要。

编制方案设计文件，应当满足编制初步设计文件和控制概算的需要。

编制初步设计文件，应当满足编制施工招标文件、主要设备材料订货和编制施工图设计文件的需要。

编制施工图设计文件，应当满足设备材料采购、非标准设备制作和施工的需要，并注明建设工程合理使用年限。

注：本内容参照《建设工程勘察设计管理条例》第二十六条的规定。

2.3.2.2　明确风险

勘察单位按规定在勘察文件中说明地质条件可能造成的工程风险。

（1）勘察单位应当根据工程实际及工程周边环境资料，在勘察文件中说明地质条件可能造成的工程风险。

设计单位应当在设计文件中注明涉及危大工程的重点部位和环节，提出保障工程周边环境安全和工程施工安全的意见，必要时进行专项设计。

注：本内容参照《危险性较大的分部分项工程安全管理规定》（住房城乡建设部令第37号）第六条的规定。

（2）勘察单位未在勘察文件中说明地质条件可能造成的工程风险的，责令限期改正，依照《建设工程安全生产管理条例》对单位进行处罚；对直接负责的主管人员和其他直接责任人员处 1000 元以上 5000 元以下的罚款。

注：本内容参照《危险性较大的分部分项工程安全管理规定》（住房城乡建设部令第37号）第三十条的规定。

2.3.2.3　预防事故

设计单位应当按照法律法规和工程建设强制性标准进行设计，防止因设计不合理导致生产安全事故的发生。

（1）设计文件中选用的材料、构配件、设备，应当注明其规格、型号、性能等技术指标，其质量要求必须符合国家规定的标准。

除有特殊要求的建筑材料、专用设备和工艺生产线等外，设计单位不得指定生产厂、供应商。

注：本内容参照《建设工程勘察设计管理条例》第二十七条的规定。

（2）建设单位、施工单位、监理单位不得修改建设工程勘察、设计文件；确需修改建设工程勘察、设计文件的，应当由原建设工程勘察、设计单位修改。经原建设工程勘察、设计单位书面同意，建设单位也可以委托其他具有相应资质的建设工程勘察、设计单位修改。修改单位对修改的勘察、设计文件承担相应责任。

施工单位、监理单位发现建设工程勘察、设计文件不符合工程建设强制性标准、合同约定的质量要求的，应当报告建设单位，建设单位有权要求建设工程勘察、设计单位对建设工程勘察、设计文件进行补充、修改。

建设工程勘察、设计文件内容需要作重大修改的，建设单位应当报经原审批机关批准后，方可修改。

注：本内容参照《建设工程勘察设计管理条例》第二十八条的规定。

（3）建设工程勘察、设计文件中规定采用的新技术、新材料，可能影响建设工程质量和安全，又没有国家技术标准的，应当由国家认可的检测机构进行试验、论证，出具检测报告，并经国务院有关部门或者省、自治区、直辖市人民政府有关部门组织的建设工程技术专家委员会审定后，方可使用。

注：本内容参照《建设工程勘察设计管理条例》第二十九条的规定。

（4）建设工程勘察、设计单位应当在建设工程施工前，向施工单位和监理单位说明建设工程勘察、设计意图，解释建设工程勘察、设计文件。建设工程勘察、设计单位应当及时解决施工中出现的勘察、设计问题。

注：本内容参照《建设工程勘察设计管理条例》第三十条的规定。

（5）建筑工程设计应当符合按照国家规定制定的建筑安全规程和技术规范，保证工程的安全性能。

注：本内容参照《中华人民共和国建筑法》第三十七条的规定。

（6）建筑设计单位不按照建筑工程质量、安全标准进行设计的，责令改正，处以罚款；造成工程质量事故的，责令停业整顿，降低资质等级或者吊销资质证书，没收违法所得，并处罚款；造成损失的，承担赔偿责任；构成犯罪的，依法追究刑事责任。

注：本内容参照《中华人民共和国建筑法》第七十三条的规定。

2.3.2.4　明确重点部位

设计单位应当按规定在设计文件中注明施工安全的重点部位和环节，并对防范生产安全事故提出指导意见。

（1）设计单位应当按照法律、法规和工程建设强制性标准进行设计，防止因设计不合理导致生产安全事故的发生。

设计单位应当考虑施工安全操作和防护的需要，对涉及施工安全的重点部位和环节在设计文件中注明，并对防范生产安全事故提出指导意见。

注：本内容参照《建设工程安全生产管理条例》第十三条的规定。

（2）设计单位应当在设计文件中注明涉及危大工程的重点部位和环节，提出保障工程周边环境安全和工程施工安全的意见，必要时进行专项设计。

注：本内容参照《危险性较大的分部分项工程安全管理规定》第六条的规定。

（3）设计项目负责人应当要求设计人员考虑施工安全操作和防护的需要，在设计文件中注明涉及施工安全的重点部位和环节，并对防范安全生产事故提出指导意见；采用新结构、新材料、新工艺和特殊结构的，应在设计中提出保障施工作业人员安全和预防生产安全事故的措施建议。

注：本内容参照《建筑工程设计单位项目负责人质量安全责任七项规定（试行）》第四条的规定。

2.3.2.5　建议措施

设计单位应当按规定在设计文件中提出特殊情况下保障施工作业人员安全和预防生产安全事故的措施建议。

（1）采用新结构、新材料、新工艺的建设工程和特殊结构的建设工程，设计单位应当在设计中提出保障施工作业人员安全和预防生产安全事故的措施建议。设计单位和注册建筑师等注册执业人员应当对其设计负责。

注：本内容参照《建设工程安全生产管理条例》第十三条的规定。

（2）建设工程勘察、设计文件中规定采用的新技术、新材料，可能影响建设工程质量和安全，又没有国家技术标准的，应当由国家认可的检测机构进行试验、论证，出具检测报告，并经国务院有关部门或者省、自治区、直辖市人民政府有关部门组织的建设工程技术专家委员会审定后，方可使用。

注：本内容参照《建设工程勘察设计管理条例》第二十九条的规定。

（3）设计单位应当参与建设工程质量事故分析，并对因设计造成的质量事故，提出相应的技术处理方案。

注：本内容参照《建设工程质量管理条例》第二十四条的规定。

2.3.3　施工单位安全行为要求

📋《工程质量安全手册》第 2.3.3 条：

施工单位。

（1）设立安全生产管理机构，按规定配备专职安全生产管理人员。

（2）项目负责人、专职安全生产管理人员与办理施工安全监督手续资料一致。

（3）建立健全安全生产责任制度，并按要求进行考核。

（4）按规定对从业人员进行安全生产教育和培训。

（5）实施施工总承包的，总承包单位应当与分包单位签订安全生产协议书，明确各自的安全生产职责并加强履约管理。

（6）按规定为作业人员提供劳动防护用品。

（7）在有较大危险因素的场所和有关设施、设备上，设置明显的安全警示标志。

（8）按规定提取和使用安全生产费用。

（9）按规定建立健全生产安全事故隐患排查治理制度。

（10）按规定执行建筑施工企业负责人及项目负责人施工现场带班制度。

（11）按规定制定生产安全事故应急救援预案，并定期组织演练。

（12）按规定及时、如实报告生产安全事故。

📖实施细则：

2.3.3.1　安全生产管理机构设立及专职安全生产管理人员配备

（1）施工单位应当设立安全生产管理机构，配备专职安全生产管理人员。

专职安全生产管理人员负责对安全生产进行现场监督检查。发现安全事故隐患，应当及时向项目负责人和安全生产管理机构报告；对违章指挥、违章操作的，应当立即制止。

专职安全生产管理人员的配备办法由国务院建设行政主管部门会同国务院其他有关部门制定。

注：本内容参照《建设工程安全生产管理条例》第二十三条的规定。

（2）企业安全生产管理机构专职安全生产管理人员应当检查在建项目安全生产管理情况，重点检查项目负责人、项目专职安全生产管理人员履责情况，处理在建项目违规违章行为，并记入企业安全管理档案。

注：本内容参照《建筑施工企业主要负责人、项目负责人和专职安全生产管理人员安全生产管理规定》（住房城乡建设部令第17号）第十九条的规定。

（3）建筑施工企业安全生产管理机构具有以下职责：

1）宣传和贯彻国家有关安全生产法律法规和标准；

2）编制并适时更新安全生产管理制度并监督实施；

3）组织或参与企业生产安全事故应急救援预案的编制及演练；

4）组织开展安全教育培训与交流；

5）协调配备项目专职安全生产管理人员；

6）制订企业安全生产检查计划并组织实施；

7）监督在建项目安全生产费用的使用；

8）参与危险性较大工程安全专项施工方案专家论证会；

9）通报在建项目违规违章查处情况；

10）组织开展安全生产评优评先表彰工作；

11）建立企业在建项目安全生产管理档案；

12）考核评价分包企业安全生产业绩及项目安全生产管理情况；

13）参加生产安全事故的调查和处理工作；

14）企业明确的其他安全生产管理职责。

注：本内容参照《建筑施工企业安全生产管理机构设置及专职安全生产管理人员配备办法》第六条的规定。

（4）项目专职安全生产管理人员具有以下主要职责：

1）负责施工现场安全生产日常检查并做好检查记录；

2）现场监督危险性较大工程安全专项施工方案实施情况；

3）对作业人员违规违章行为有权予以纠正或查处；

4）对施工现场存在的安全隐患有权责令立即整改；

5）对于发现的重大安全隐患，有权向企业安全生产管理机构报告；

6）依法报告生产安全事故情况。

注：本内容参照《建筑施工企业安全生产管理机构设置及专职安全生产管理人员配备办法》第十二条的规定。

（5）建筑施工企业安全生产管理机构专职安全生产管理人员在施工现场检查过程中具有以下职责：

1）查阅在建项目安全生产有关资料、核实有关情况；

2）检查危险性较大工程安全专项施工方案落实情况；

3）监督项目专职安全生产管理人员履责情况；

4）监督作业人员安全防护用品的配备及使用情况；

5）对发现的安全生产违章违规行为或安全隐患，有权当场予以纠正或作出处理决定；

6）对不符合安全生产条件的设施、设备、器材，有权当场作出查封的处理决定；

7）对施工现场存在的重大安全隐患有权越级报告或直接向建设主管部门报告；

8）企业明确的其他安全生产管理职责。

注：本内容参照《建筑施工企业安全生产管理机构设置及专职安全生产管理人员配备办法》第七条的规定。

（6）建筑施工企业安全生产管理机构专职安全生产管理人员的配备应满足下列要求，并应根据企业经营规模、设备管理和生产需要予以增加：

1）建筑施工总承包资质序列企业：特级资质不少于6人；一级资质不少于4人；二级和二级以下资质企业不少于3人。

2）建筑施工专业承包资质序列企业：一级资质不少于3人；二级和二级以下资质企业不少于2人。

3）建筑施工劳务分包资质序列企业：不少于2人。

4）建筑施工企业的分公司、区域公司等较大的分支机构（以下简称分支机构）应依据实际生产情况配备不少于2人的专职安全生产管理人员。

注：本内容参照《建筑施工企业安全生产管理机构设置及专职安全生产管理人员配备办法》第八条的规定。

2.3.3.2 项目负责人、专职安全生产管理人员与办理施工安全监督手续资料一致

（1）生产经营单位的主要负责人对本单位安全生产工作负有下列职责：

1）建立、健全本单位安全生产责任制；

2）组织制定本单位安全生产规章制度和操作规程；

3）组织制定并实施本单位安全生产教育和培训计划；

4）保证本单位安全生产投入的有效实施；

5）督促、检查本单位的安全生产工作，及时消除生产安全事故隐患；

6）组织制定并实施本单位的生产安全事故应急救援预案；

7）及时、如实报告生产安全事故。

注：本内容参照《中华人民共和国安全生产法》第十八条的规定。

（2）生产经营单位的安全生产管理机构以及安全生产管理人员履行下列职责：

1）组织或者参与拟订本单位安全生产规章制度、操作规程和生产安全事故应急救援预案；

2）组织或者参与本单位安全生产教育和培训，如实记录安全生产教育和培训情况；

3）督促落实本单位重大危险源的安全管理措施；

4）组织或者参与本单位应急救援演练；

5）检查本单位的安全生产状况，及时排查生产安全事故隐患，提出改进安全生产管理的建议；

6）制止和纠正违章指挥、强令冒险作业、违反操作规程的行为；

7）督促落实本单位安全生产整改措施。

注：本内容参照《中华人民共和国安全生产法》第二十二条的规定。

2.3.3.3　建立健全安全生产责任制度，并按要求进行考核

（1）施工单位主要负责人依法对本单位的安全生产工作全面负责。施工单位应当建立健全安全生产责任制度和安全生产教育培训制度，制定安全生产规章制度和操作规程，保证本单位安全生产条件所需资金的投入，对所承担的建设工程进行定期和专项安全检查，并做好安全检查记录。

施工单位的项目负责人应当由取得相应执业资格的人员担任，对建设工程项目的安全施工负责，落实安全生产责任制度、安全生产规章制度和操作规程，确保安全生产费用的有效使用，并根据工程的特点组织制定安全施工措施，消除安全事故隐患，及时、如实报告生产安全事故。

注：本内容参照《建设工程安全生产管理条例》第二十一条的规定。

（2）生产经营单位的安全生产责任制应当明确各岗位的责任人员、责任范围和考核标准等内容。

生产经营单位应当建立相应的机制，加强对安全生产责任制落实情况的监督考核，保证安全生产责任制的落实。

注：本内容参照《中华人民共和国安全生产法》第十九条的规定。

（3）主要负责人应当与项目负责人签订安全生产责任书，确定项目安全生产考核目标、奖惩措施，以及企业为项目提供的安全管理和技术保障措施。

工程项目实行总承包的，总承包企业应当与分包企业签订安全生产协议，明确双方安全生产责任。

注：本内容参照《建筑施工企业主要负责人、项目负责人和专职安全生产管理人员安全生产管理规定》（住房城乡建设部令第17号）第十五条的规定。

（4）主要负责人应当按规定检查企业所承担的工程项目，考核项目负责人安全生产管理能力。发现项目负责人履职不到位的，应当责令其改正；必要时，调整项目负责人。检查情况应当记入企业和项目安全管理档案。

注：本内容参照《建筑施工企业主要负责人、项目负责人和专职安全生产管理人员安全生产管理规定》（住房城乡建设部令第17号）第十六条的规定。

（5）施工单位应当在施工现场建立消防安全责任制度，确定消防安全责任人，制定用火、用电、使用易燃易爆材料等各项消防安全管理制度和操作规程，设置消防通道、消防水源，配备消防设施和灭火器材，并在施工现场入口处设置明显标志。

注：本内容参照《建设工程安全生产管理条例》第三十一条的规定。

2.3.3.4　按规定对从业人员进行安全生产教育和培训

（1）建筑施工企业应当建立安全生产教育培训制度，制定年度培训计划，每年对"安管人员"进行培训和考核，考核不合格的，不得上岗。培训情况应当记入企业安全生产教育培训档案。

注：本内容参照《建筑施工企业主要负责人、项目负责人和专职安全生产管理人员安全生产管理规定》（住房城乡建设部令第17号）第二十一条的规定。

（2）生产经营单位应当对从业人员进行安全生产教育和培训，保证从业人员具备必要的安全生产知识，熟悉有关的安全生产规章制度和安全操作规程，掌握本岗位的安全操作技能，了解事故应急处理措施，知悉自身在安全生产方面的权利和义务。未经安全生产教育和培训合格的从业人员，不得上岗作业。

生产经营单位使用被派遣劳动者的，应当将被派遣劳动者纳入本单位从业人员统一管理，对被派遣劳动者进行岗位安全操作规程和安全操作技能的教育和培训。劳务派遣单位应当对被派遣劳动者进行必要的安全生产教育和培训。

生产经营单位接收中等职业学校、高等学校学生实习的，应当对实习学生进行相应的安全生产教育和培训，提供必要的劳动防护用品。学校应当协助生产经营单位对实习学生进行安全生产教育和培训。

生产经营单位应当建立安全生产教育和培训档案，如实记录安全生产教育和培训的时间、内容、参加人员以及考核结果等情况。

注：本内容参照《中华人民共和国安全生产法》第二十五条的规定。

（3）作业人员进入新的岗位或者新的施工现场前，应当接受安全生产教育培训。未经教育培训或者教育培训考核不合格的人员，不得上岗作业。

施工单位在采用新技术、新工艺、新设备、新材料时，应当对作业人员进行相应的安全生产教育培训。

注：本内容参照《建设工程安全生产管理条例》第三十七条的规定。

（4）垂直运输机械作业人员、安装拆卸工、爆破作业人员、起重信号工、登高架设作业人员等特种作业人员，必须按照国家有关规定经过专门的安全作业培训，并取得特种作业操作资格证书后，方可上岗作业。

注：本内容参照《建设工程安全生产管理条例》第二十五条的规定。

（5）生产经营单位应当教育和督促从业人员严格执行本单位的安全生产规章制度和安全操作规程；并向从业人员如实告知作业场所和工作岗位存在的危险因素、防范措施以及事故应急措施。

注：本内容参照《中华人民共和国安全生产法》第四十一条的规定。

（6）从业人员应当接受安全生产教育和培训，掌握本职工作所需的安全生产知识，提高安全生产技能，增强事故预防和应急处理能力。

注：本内容参照《中华人民共和国安全生产法》第五十五条的规定。

2.3.3.5　实施施工总承包的，总承包单位应当与分包单位签订安全生产协议书，明确各自的安全生产职责并加强履约管理

（1）在工程发包与承包中索贿、受贿、行贿，构成犯罪的，依法追究刑事责任；不构成犯罪的，分别处以罚款，没收贿赂的财物，对直接负责的主管人员和其他直接责任人员给予处分。

对在工程承包中行贿的承包单位，除依照前款规定处罚外，可以责令停业整顿，降低资质等级或者吊销资质证书。

注：本内容参照《中华人民共和国建筑法》第六十八条的规定。

（2）承包单位将承包的工程转包的，或者违反本法规定进行分包的，责令改正，没收违法所得，并处罚款，可以责令停业整顿，降低资质等级；情节严重的，吊销资质证书。

承包单位有前款规定的违法行为的，对因转包工程或者违法分包的工程不符合规定的质量标准造成的损失，与接受转包或者分包的单位承担连带赔偿责任。

注：本内容参照《中华人民共和国建筑法》第六十七条的规定。

（3）禁止承包单位将其承包的全部建筑工程转包给他人，禁止承包单位将其承包的全部建筑工程肢解以后以分包的名义分别转包给他人。

注：本内容参照《中华人民共和国建筑法》第二十八条的规定。

（4）建筑工程总承包单位可以将承包工程中的部分工程发包给具有相应资质条件的分包单位；但是，除总承包合同中约定的分包外，必须经建设单位认可。施工总承包的，建筑工程主体结构的施工必须由总承包单位自行完成。

建筑工程总承包单位按照总承包合同的约定对建设单位负责；分包单位按照分包合同的约定对总承包单位负责。总承包单位和分包单位就分包工程对建设单位承担连带责任。

禁止总承包单位将工程分包给不具备相应资质条件的单位。禁止分包单位将其承包的工程再分包。

注：本内容参照《中华人民共和国建筑法》第二十九条的规定。

（5）大型建筑工程或者结构复杂的建筑工程，可以由两个以上的承包单位联合共同承包。共同承包的各方对承包合同的履行承担连带责任。

两个以上不同资质等级的单位实行联合共同承包的，应当按照资质等级低的单位的业务许可范围承揽工程。

注：本内容参照《中华人民共和国建筑法》第二十七条的规定。

（6）违反本条例规定，承包单位将承包的工程转包或者违法分包的，责令改正，没收违法所得，对勘察、设计单位处合同约定的勘察费、设计费百分之二十五以上百分之五十以下的罚款；对施工单位处工程合同价款百分之零点五以上百分之一以下的罚款；可以责令停业整顿，降低资质等级；情节严重的，吊销资质证书。

工程监理单位转让工程监理业务的，责令改正，没收违法所得，处合同约定的监理酬金百分之二十五以上百分之五十以下的罚款；可以责令停业整顿，降低资质等级；情节严重的，吊销资质证书。

注：本内容参照《建设工程质量管理条例》第六十二条的规定。

总承包单位依法将建设工程分包给其他单位的，分包单位应当按照分包合同的约定对其分包工程的质量向总承包单位负责，总承包单位与分包单位对分包工程的质量承担连带责任。

注：本内容参照《建设工程质量管理条例》第二十七条的规定。

（7）建设工程实行施工总承包的，由总承包单位对施工现场的安全生产负总责。

总承包单位应当自行完成建设工程主体结构的施工。

总承包单位依法将建设工程分包给其他单位的，分包合同中应当明确各自的安全生产方面的权利、义务。总承包单位和分包单位对分包工程的安全生产承担连带责任。

分包单位应当服从总承包单位的安全生产管理，分包单位不服从管理导致生产安全事故的，由分包单位承担主要责任。

注：本内容参照《建设工程安全生产管理条例》第二十四条的规定。

（8）主要负责人应当与项目负责人签订安全生产责任书，确定项目安全生产考核目标、奖惩措施，以及企业为项目提供的安全管理和技术保障措施。

工程项目实行总承包的，总承包企业应当与分包企业签订安全生产协议，明确双方安全生产责任。

注：本内容参照《建筑施工企业主要负责人、项目负责人和专职安全生产管理人员安全生产管理规定》（住房城乡建设部令第 17 号）第十五条的规定。

2.3.3.6　按规定为作业人员提供劳动防护用品

（1）施工单位应当向作业人员提供安全防护用具和安全防护服装，并书面告知危险岗位的操作规程和违章操作的危害。

注：本内容参照《建设工程安全生产管理条例》第三十二条的规定。

（2）生产经营单位必须为从业人员提供符合国家标准或者行业标准的劳动防护用品，并监督、教育从业人员按照使用规则佩戴、使用。

注：本内容参照《中华人民共和国安全生产法》第四十二条的规定。

（3）施工单位采购、租赁的安全防护用具、机械设备、施工机具及配件，应当具有生产（制造）许可证、产品合格证，并在进入施工现场前进行查验。

施工现场的安全防护用具、机械设备、施工机具及配件必须由专人管理，定期进行检查、维修和保养，建立相应的资料档案，并按照国家有关规定及时报废。

注：本内容参照《建设工程安全生产管理条例》第三十四条的规定。

（4）作业人员有权对施工现场的作业条件、作业程序和作业方式中存在的安全问题提出批评、检举和控告，有权拒绝违章指挥和强令冒险作业。

在施工中发生危及人身安全的紧急情况时，作业人员有权立即停止作业或者在采取必要的应急措施后撤离危险区域。

注：本内容参照《建设工程安全生产管理条例》第三十二条的规定。

（5）从业人员在作业过程中，应当严格遵守本单位的安全生产规章制度和操作规程，服从管理，正确佩戴和使用劳动防护用品。

注：本内容参照《中华人民共和国安全生产法》第五十四条的规定。

2.3.3.7　在有较大危险因素的场所和有关设施、设备上，设置明显的安全警示标志

（1）施工单位应当在施工现场入口处、施工起重机械、临时用电设施、脚手架、出入通道口、楼梯口、电梯井口、孔洞口、桥梁口、隧道口、基坑边沿、爆破物及有害危险气体和液体存放处等危险部位，设置明显的安全警示标志。安全警示标志必须符合国家标准。

施工单位应当根据不同施工阶段和周围环境及季节、气候的变化，在施工现场采取相应的安全施工措施。施工现场暂时停止施工的，施工单位应当做好现场防护，所需费用由责任方承担，或者按照合同约定执行。

注：本内容参照《建设工程安全生产管理条例》第二十八条的规定。

（2）生产经营单位应当在有较大危险因素的生产经营场所和有关设施、设备上，设置明显的安全警示标志。

注：本内容参照《中华人民共和国安全生产法》第三十二条的规定。

（3）危险性较大的分部分项工程

1）施工单位应当在施工现场显著位置公告危大工程名称、施工时间和具体责任人员，

并在危险区域设置安全警示标志。

注：本内容参照《危险性较大的分部分项工程安全管理规定》（住房城乡建设部令第37号）第十四条的规定。

2）对于按照规定需要验收的危大工程，施工单位、监理单位应当组织相关人员进行验收。验收合格的，经施工单位项目技术负责人及总监理工程师签字确认后，方可进入下一道工序。

危大工程验收合格后，施工单位应当在施工现场明显位置设置验收标识牌，公示验收时间及责任人员。

注：本内容参照《危险性较大的分部分项工程安全管理规定》（住房城乡建设部令第37号）第二十一条的规定。

2.3.3.8 按规定提取和使用安全生产费用

（1）施工单位对列入建设工程概算的安全作业环境及安全施工措施所需费用，应当用于施工安全防护用具及设施的采购和更新、安全施工措施的落实、安全生产条件的改善，不得挪作他用。

注：本内容参照《建设工程安全生产管理条例》第二十二条的规定。

（2）生产经营单位应当安排用于配备劳动防护用品、进行安全生产培训的经费。

注：本内容参照《中华人民共和国安全生产法》第四十四条的规定。

（3）施工单位应当为施工现场从事危险作业的人员办理意外伤害保险。

意外伤害保险费由施工单位支付。实行施工总承包的，由总承包单位支付意外伤害保险费。意外伤害保险期限自建设工程开工之日起至竣工验收合格止。

注：本内容参照《建设工程安全生产管理条例》第三十八条的规定。

（4）生产经营单位必须依法参加工伤保险，为从业人员缴纳保险费。

注：本内容参照《中华人民共和国安全生产法》第四十八条的规定。

（5）生产经营单位新建、改建、扩建工程项目（以下统称建设项目）的安全设施，必须与主体工程同时设计、同时施工、同时投入生产和使用。安全设施投资应当纳入建设项目概算。

注：本内容参照《中华人民共和国安全生产法》第二十八条的规定。

（6）生产经营单位的决策机构、主要负责人或者个人经营的投资人不依照本法规定保证安全生产所必需的资金投入，致使生产经营单位不具备安全生产条件的，责令限期改正，提供必需的资金；逾期未改正的，责令生产经营单位停产停业整顿。

有前款违法行为，导致发生生产安全事故的，对生产经营单位的主要负责人给予撤职处分，对个人经营的投资人处二万元以上二十万元以下的罚款；构成犯罪的，依照刑法有关规定追究刑事责任。

注：本内容参照《中华人民共和国安全生产法》第九十条的规定。

（7）生产经营单位应当具备的安全生产条件所必需的资金投入，由生产经营单位的决策机构、主要负责人或者个人经营的投资人予以保证，并对由于安全生产所必需的资金投入不足导致的后果承担责任。

有关生产经营单位应当按照规定提取和使用安全生产费用，专门用于改善安全生产条件。安全生产费用在成本中据实列支。安全生产费用提取、使用和监督管理的具体办法由国务院财政部门会同国务院安全生产监督管理部门征求国务院有关部门意见后制定。

注：本内容参照《中华人民共和国安全生产法》第二十条的规定。

(8) 违反本条例的规定，施工单位挪用列入建设工程概算的安全生产作业环境及安全施工措施所需费用的，责令限期改正，处挪用费用 20％以上 50％以下的罚款；造成损失的，依法承担赔偿责任。

注：本内容参照《建设工程安全生产管理条例》第六十三条的规定。

2.3.3.9　按规定建立健全生产安全事故隐患排查治理制度

(1) 生产经营单位应当建立健全生产安全事故隐患排查治理制度，采取技术、管理措施，及时发现并消除事故隐患。事故隐患排查治理情况应当如实记录，并向从业人员通报。

县级以上地方各级人民政府负有安全生产监督管理职责的部门应当建立健全重大事故隐患治理督办制度，督促生产经营单位消除重大事故隐患。

注：本内容参照《中华人民共和国安全生产法》第三十八条的规定。

(2) 生产经营单位的安全生产管理人员应当根据本单位的生产经营特点，对安全生产状况进行经常性检查；对检查中发现的安全问题，应当立即处理；不能处理的，应当及时报告本单位有关负责人，有关负责人应当及时处理。检查及处理情况应当如实记录在案。

生产经营单位的安全生产管理人员在检查中发现重大事故隐患，依照前款规定向本单位有关负责人报告，有关负责人不及时处理的，安全生产管理人员可以向主管的负有安全生产监督管理职责的部门报告，接到报告的部门应当依法及时处理。

注：本内容参照《中华人民共和国安全生产法》第四十三条的规定。

(3) 项目负责人应当按规定实施项目安全生产管理，监控危险性较大分部分项工程，及时排查处理施工现场安全事故隐患，隐患排查处理情况应当记入项目安全管理档案；发生事故时，应当按规定及时报告并开展现场救援。

工程项目实行总承包的，总承包企业项目负责人应当定期考核分包企业安全生产管理情况。

注：本内容参照《建筑施工企业主要负责人、项目负责人和专职安全生产管理人员安全生产管理规定》（住房城乡建设部令第 17 号）第十八条的规定。

(4) 项目专职安全生产管理人员应当每天在施工现场开展安全检查，现场监督危险性较大的分部分项工程安全专项施工方案实施。对检查中发现的安全事故隐患，应当立即处理；不能处理的，应当及时报告项目负责人和企业安全生产管理机构。项目负责人应当及时处理。检查及处理情况应当记入项目安全管理档案。

注：本内容参照《建筑施工企业主要负责人、项目负责人和专职安全生产管理人员安全生产管理规定》（住房城乡建设部令第 17 号）第二十条的规定。

2.3.3.10　按规定执行建筑施工企业负责人及项目负责人施工现场带班制度

(1) 建筑施工企业应当建立企业负责人及项目负责人施工现场带班制度，并严格考核。

施工现场带班制度应明确其工作内容、职责权限和考核奖惩等要求。

注：本内容参照《建筑施工企业负责人及项目负责人施工现场带班暂行办法》第三条的规定。

（2）施工现场带班包括企业负责人带班检查和项目负责人带班生产。

企业负责人带班检查是指由建筑施工企业负责人带队实施对工程项目质量安全生产状况及项目负责人带班生产情况的检查。

项目负责人带班生产是指项目负责人在施工现场组织协调工程项目的质量安全生产活动。

注：本内容参照《建筑施工企业负责人及项目负责人施工现场带班暂行办法》第四条的规定。

（3）建筑施工企业法定代表人是落实企业负责人及项目负责人施工现场带班制度的第一责任人，对落实带班制度全面负责。

注：本内容参照《建筑施工企业负责人及项目负责人施工现场带班暂行办法》第五条的规定。

（4）建筑施工企业负责人要定期带班检查，每月检查时间不少于其工作日的25％。

建筑施工企业负责人带班检查时，应认真做好检查记录，并分别在企业和工程项目存档备查。

注：本内容参照《建筑施工企业负责人及项目负责人施工现场带班暂行办法》第六条的规定。

（5）工程项目进行超过一定规模的危险性较大的分部分项工程施工时，建筑施工企业负责人应到施工现场进行带班检查。对于有分公司（非独立法人）的企业集团，集团负责人因故不能到现场的，可书面委托工程所在地的分公司负责人对施工现场进行带班检查。

本条所称"超过一定规模的危险性较大的分部分项工程"详见《关于印发〈危险性较大的分部分项工程安全管理办法〉的通知》（建质〔2009〕87号）的规定。

注：本内容参照《建筑施工企业负责人及项目负责人施工现场带班暂行办法》第七条的规定。

（6）工程项目出现险情或发现重大隐患时，建筑施工企业负责人应到施工现场带班检查，督促工程项目进行整改，及时消除险情和隐患。

注：本内容参照《建筑施工企业负责人及项目负责人施工现场带班暂行办法》第八条的规定。

（7）项目负责人是工程项目质量安全管理的第一责任人，应对工程项目落实带班制度负责。

项目负责人在同一时期只能承担一个工程项目的管理工作。

注：本内容参照《建筑施工企业负责人及项目负责人施工现场带班暂行办法》第九条的规定。

（8）项目负责人带班生产时，要全面掌握工程项目质量安全生产状况，加强对重点部位、关键环节的控制，及时消除隐患。要认真做好带班生产记录并签字存档备查。

注：本内容参照《建筑施工企业负责人及项目负责人施工现场带班暂行办法》第十条的规定。

（9）项目负责人每月带班生产时间不得少于本月施工时间的80％。因其他事务需离开施工现场时，应向工程项目的建设单位请假，经批准后方可离开。离开期间应委托项目相关负责人负责其外出时的日常工作。

注：本内容参照《建筑施工企业负责人及项目负责人施工现场带班暂行办法》第十一条的规定。

2.3.3.11 按规定制定生产安全事故应急救援预案，并定期组织演练

（1）施工单位应当制定本单位生产安全事故应急救援预案，建立应急救援组织或者配备应急救援人员，配备必要的应急救援器材、设备，并定期组织演练。

注：本内容参照《建设工程安全生产管理条例》第四十八条的规定。

（2）施工单位应当根据建设工程施工的特点、范围，对施工现场易发生重大事故的部位、环节进行监控，制定施工现场生产安全事故应急救援预案。实行施工总承包的，由总承包单位统一组织编制建设工程生产安全事故应急救援预案，工程总承包单位和分包单位按照应急救援预案，各自建立应急救援组织或者配备应急救援人员，配备救援器材、设备，并定期组织演练。

注：本内容参照《建设工程安全生产管理条例》第四十九条的规定。

（3）危险物品的生产、经营、储存单位以及矿山、金属冶炼、城市轨道交通运营、建筑施工单位应当建立应急救援组织；生产经营规模较小的，可以不建立应急救援组织，但应当指定兼职的应急救援人员。

危险物品的生产、经营、储存、运输单位以及矿山、金属冶炼、城市轨道交通运营、建筑施工单位应当配备必要的应急救援器材、设备和物资，并进行经常性维护、保养，保证正常运转。

注：本内容参照《中华人民共和国安全生产法》第七十九条的规定。

（4）事故发生单位负责人接到事故报告后，应当立即启动事故相应应急预案，或者采取有效措施，组织抢救，防止事故扩大，减少人员伤亡和财产损失。

注：本内容参照《生产安全事故报告和调查处理条例》第十四条的规定。

2.3.3.12 按规定及时、如实报告生产安全事故

（1）施工单位发生生产安全事故，应当按照国家有关伤亡事故报告和调查处理的规定，及时、如实地向负责安全生产监督管理的部门、建设行政主管部门或者其他有关部门报告；特种设备发生事故的，还应当同时向特种设备安全监督管理部门报告。接到报告的部门应当按照国家有关规定，如实上报。

实行施工总承包的建设工程，由总承包单位负责上报事故。

注：本内容参照《建设工程安全生产管理条例》第五十条的规定。

（2）危大工程发生险情或者事故时，施工单位应当立即采取应急处置措施，并报告工程所在地住房城乡建设主管部门。建设、勘察、设计、监理等单位应当配合施工单位开展应急抢险工作。

注：本内容参照《危险性较大的分部分项工程安全管理规定》（住房城乡建设部令第37号）第二十二条的规定。

（3）事故报告应当及时、准确、完整，任何单位和个人对事故不得迟报、漏报、谎报或者瞒报。

事故调查处理应当坚持实事求是、尊重科学的原则，及时、准确地查清事故经过、事故原因和事故损失，查明事故性质，认定事故责任，总结事故教训，提出整改措施，并对事故责任者依法追究责任。

注：本内容参照《生产安全事故报告和调查处理条例》第四条的规定。

（4）事故发生后，事故现场有关人员应当立即向本单位负责人报告；单位负责人接到报告后，应当于 1 小时内向事故发生地县级以上人民政府安全生产监督管理部门和负有安全生产监督管理职责的有关部门报告。

情况紧急时，事故现场有关人员可以直接向事故发生地县级以上人民政府安全生产监督管理部门和负有安全生产监督管理职责的有关部门报告。

注：本内容参照《生产安全事故报告和调查处理条例》第九条的规定。

（5）报告事故应当包括下列内容：

1）事故发生单位概况；

2）事故发生的时间、地点以及事故现场情况；

3）事故的简要经过；

4）事故已经造成或者可能造成的伤亡人数（包括下落不明的人数）和初步估计的直接经济损失；

5）已经采取的措施；

6）其他应当报告的情况。

注：本内容参照《生产安全事故报告和调查处理条例》第十二条的规定。

（6）事故报告后出现新情况的，应当及时补报。

自事故发生之日起 30 日内，事故造成的伤亡人数发生变化的，应当及时补报。道路交通事故、火灾事故自发生之日起 7 日内，事故造成的伤亡人数发生变化的，应当及时补报。

注：本内容参照《生产安全事故报告和调查处理条例》第十三条的规定。

（7）事故发生后，有关单位和人员应当妥善保护事故现场以及相关证据，任何单位和个人不得破坏事故现场、毁灭相关证据。

因抢救人员、防止事故扩大以及疏通交通等原因，需要移动事故现场物件的，应当做出标志，绘制现场简图并做出书面记录，妥善保存现场重要痕迹、物证。

注：本内容参照《生产安全事故报告和调查处理条例》第十六条的规定。

（8）生产经营单位发生生产安全事故时，单位的主要负责人应当立即组织抢救，并不得在事故调查处理期间擅离职守。

注：本内容参照《中华人民共和国安全生产法》第四十七条的规定。

（9）生产经营单位发生生产安全事故后，事故现场有关人员应当立即报告本单位负责人。

单位负责人接到事故报告后，应当迅速采取有效措施，组织抢救，防止事故扩大，减少人员伤亡和财产损失，并按照国家有关规定立即如实报告当地负有安全生产监督管理职责的部门，不得隐瞒不报、谎报或者迟报，不得故意破坏事故现场、毁灭有关证据。

注：本内容参照《中华人民共和国安全生产法》第八十条的规定。

2.3.4 监理单位安全行为要求

📋 《工程质量安全手册》第 2.3.4 条：

监理单位。

（1）按规定编制监理规划和监理实施细则。

（2）按规定审查施工组织设计中的安全技术措施或者专项施工方案。

（3）按规定审核各相关单位资质、安全生产许可证、"安管人员"安全生产考核合格证书和特种作业人员操作资格证书并做好记录。

（4）按规定对现场实施安全监理。发现安全事故隐患严重且施工单位拒不整改或者不停止施工的，应及时向政府主管部门报告。

📖实施细则：

1. 监理规划和监理实施细则的编制

（1）监理规划的编制与实施。

1）监理规划应针对建设工程实际情况进行编制，故应在签订建设工程监理合同及收到工程设计文件后开始编制，此外，还应结合施工组织设计、施工图审查意见等文件资料进行编制。一个监理项目应编制一个监理规划。监理规划应在召开第一次工地会议前报送建设单位。

2）监理规划由总监理工程师组织专业监理工程师编制；总监理工程师签字后由工程监理单位技术负责人审批。

3）监理规划的主要内容包括：

① 工程概况；

② 监理工作的范围、内容、目标；

③ 监理工作依据；

④ 监理组织形式、人员配备及进场计划、监理人员岗位职责；

⑤ 工程质量控制；

⑥ 工程造价控制；

⑦ 工程进度控制；

⑧ 合同与信息管理；

⑨ 组织协调；

⑩ 安全生产管理职责；

⑪ 监理工作制度；

⑫ 监理工作设施。

注：本内容参照《建设工程监理规范》GB/T 50319—2013 第 5.2 节的规定。

（2）监理实施细则的编制与实施。

1）项目监理机构应结合工程特点、施工环境、施工工艺等编制监理实施细则，明确监理工作要点、监理工作流程和监理工作方法及措施，达到规范和指导监理工作的目的。采用新材料、新工艺、新技术、新设备的工程，以及专业性较强、危险性较大的分部分项工程，应编制监理实施细则；对工程规模较小、技术较简单且有成熟管理经验和措施的，可不必编制监理实施细则。

2）监理实施细则应在相应工程施工开始前由专业监理工程师编制，并报总监理工程师审批。

3）监理实施细则应依据监理规划、相关标准及工程设计文件、施工组织设计、专项施工方案编制。

4）监理实施细则主要包括专业工程特点、监理工作流程、监理工作要点和监理工作方法及措施。

注：本内容参照《建设工程监理规范》GB/T 50319—2013 第5.3节的规定。

2. 施工组织设计与专项施工方案的审查

项目监理机构应审查施工单位报审的施工组织设计、专项施工方案，符合要求的，由总监理工程师签认后报建设单位。

（1）施工组织设计审查的基本内容：

1）编审程序应符合相关规定；

2）施工进度、施工方案及工程质量保证措施应符合施工合同要求；

3）资源（资金、劳动力、材料、设备）供应计划应满足工程施工需要；

4）安全技术措施应符合工程建设强制性标准；

5）施工总平面布置应科学合理。

（2）专项施工方案审查的基本内容：

1）编审程序应符合相关规定；

2）安全技术措施应符合工程建设强制性标准。

（3）项目监理机构应要求施工单位按照已批准的施工组织设计、专项施工方案组织施工。施工组织设计、专项施工方案需要调整的，项目监理机构应按程序重新审查。

注：本内容参照《建设工程监理规范》GB/T 50319—2013 第3.0.5条的规定。

3. 对各种资质及证件的审核

项目监理机构应检查施工单位现场安全生产规章制度的建立和落实情况，检查施工单位安全生产许可证及施工单位项目经理资格证、专职安全生产管理人员上岗证和特种作业人员操作证，检查施工机械和设施的安全许可验收手续，定期巡视检查危险性较大的分部分项工程施工作业情况。

注：本内容参照《建设工程监理规范》GB/T 50319—2013 第3.0.6条的规定。

4. 安全事故隐患的处理

（1）监理单位应当结合危大工程专项施工方案编制监理实施细则，并对危大工程施工实施专项巡视检查。项目监理机构在实施监理过程中，发现工程存在安全事故隐患的，应签发监理通知，要求施工单位整改；情况严重的，应签发工程暂停令，并及时报告建设单位。施工单位拒不整改或者不停止施工的，项目监理机构应及时向有关主管部门报送监理报告。

（2）总监理工程师签发工程暂停令应事先征得建设单位同意，在紧急情况下未能事先报告的，应在事后及时向建设单位作出书面报告。

（3）暂停施工事件发生时，项目监理机构应如实记录所发生的情况。当暂停施工原因消失、具备复工条件时，施工单位提出复工申请的，项目监理机构应审查施工单位报送的复工报审表及有关材料，符合要求后，总监理工程师应及时签发复工令；施工单位未提出复工申请的，总监理工程师应根据工程实际情况指令施工单位恢复施工。

注：本内容参照《建设工程监理规范》GB/T 50319—2013 第 3.0.8-3.0.10 条的规定。

2.3.5 监测单位安全行为要求

《工程质量安全手册》第 2.3.5 条：

监测单位。

（1）按规定编制监测方案并进行审核。

（2）按照监测方案开展监测。

实施细则：

1. 危险性较大工程的监测

（1）对于按照规定需要进行第三方监测的危大工程，建设单位应当委托具有相应勘察资质的单位进行监测。

（2）监测单位应当编制监测方案。监测方案由监测单位技术负责人审核签字并加盖单位公章，报送监理单位后方可实施。

（3）监测单位应当按照监测方案开展监测，及时向建设单位报送监测成果，并对监测成果负责；发现异常时，及时向建设、设计、施工、监理单位报告，建设单位应当立即组织相关单位采取处置措施。

注：本内容参照《危险性较大的分部分项工程安全管理规定》第二十条的规定。

2. 监测单位的违规行为及处罚

监测单位有下列行为之一的，责令限期改正，并处 1 万元以上 3 万元以下的罚款；对直接负责的主管人员和其他直接责任人员处 1000 元以上 5000 元以下的罚款：

（1）未取得相应勘察资质从事第三方监测的；

（2）未按照本规定编制监测方案的；

（3）未按照监测方案开展监测的；

（4）发现异常未及时报告的。

注：本内容参照《危险性较大的分部分项工程安全管理规定》第三十八条的规定。

下 篇

质量安全管理类资料表格

3

监理资料

3.1　监理管理资料

3.1.1　监理规划

　　监理规划范本如下：

＿＿＿＿×× 体育馆改扩建＿＿＿工程

监 理 规 划

编　　制：＿＿＿×××＿＿＿

审　　核：＿＿＿×××＿＿＿

北京市 ×× 工程建设监理有限公司

××××年××月××日

目　录

"监理规划"填写说明与依据

监理规划应由总监理工程师审核签字,并经监理单位技术负责人批准。监理单位在编制监理规划时,应针对工程的重要部位及重要施工工序制定旁站监理方案,明确旁站监理的范围、内容、程序和旁站监理人员职责等。

一、监理规划的种类与作用

1. 监理规划的种类

工程监理规划的种类可分为:

(1) 工程设计阶段的监理规划;

(2) 工程施工阶段的监理规划;

(3) 工程交工验收阶段和缺陷责任保修阶段的监理规划等。

2. 监理规划的作用

工程监理规划具有以下几个作用:

(1) 供现场监理机构使用,指导项目监理机构全面开展监理工作。

(2) 供政府工程质量监督机构使用,是政府建设监理主管部门监督管理监理工作的依据。

(3) 供建设单位使用,是建设单位全面确认监理单位履行合同、开展监理工作情况的主要依据。

(4) 供监理单位使用,是监理单位考核检查单位所属监理工作的依据和存档的资料。

(5) 供施工单位使用,是施工项目经理部按顺序施工、配合监理工作的依据。

二、监理规划的编制时间与编制原则

1. 监理规划的编制时间

《建设工程监理规范》GB 50319 第 4.1.2 条规定:"监理规划应在签订委托监理合同及收到设计文件后开始编制,并应在召开第一次工地会议前报送建设单位。在第一次工地会议中,总监理工程师应介绍监理规划的主要内容"。

2. 监理规划的编制原则

(1) 可行性原则。

项目监理规划必须充分考虑工程项目的特点、现场施工条件、承包单位的施工实力、项目监理机构的监理能力等,实事求是地编写,不得言过其实地唱高调或套用其他工程项目的监理规划,必须密切结合工程项目本身特点,具备高度的可操作性。

(2) 全局性原则。

项目监理规划的内容应包括项目监理工作的全部内容,即包括影响项目监理工作的全部因素,而且提出对这些因素进行控制管理的制度、方法、程序和措施的明确规定,但对这些因素也不是同等考虑,要找出其中的重点。

(3) 预见性原则。

项目监理规划中对各种影响监理工作因素的控制,应体现出"以预控为主"的原则,这就是要求编制监理规划时对工程项目的质量、进度、造价控制及安全管理工作有可能发生的风险问题有预见性和超前的考虑。

(4) 针对性原则。

因为没有任何两个工程项目是完全相同的，必然是各有特点，因此虽然编制项目监理规划的内容要求是统一的，但其内容应各具针对性，应各自具有特点。编制时应结合工程本身的特点和各自不同的条件，有针对性地编写，才能最大程度地发挥监理规划的作用。

（5）适应性原则。

监理规划具有适应性。项目监理规划被批准后的实施过程中，当情况有重大变化时（如设计图纸有重大变更），项目监理规划应作必要的调整，调整后按原报审程序经过批准后，报送建设单位和有关部门。

（6）格式化与标准化。

监理规划要充分反映《建设工程监理规范》GB 50319 的要求，在总体内容组成上要力求与规范要求保持统一；在内容表达上，要尽可能采用表格、图表的形式，以做到明确、简洁、直观。

三、监理规划的编制依据

监理规划编制的资料依据除《建设工程监理规范》GB 50319 外，其他参见表1。

监理规划编制依据　　　　　　　　　　　　　　　　　表1

编制依据		资 料 名 称
反映项目特征的资料	设计阶段监理	(1)可行性研究报告或计划任务书； (2)项目立项批文； (3)工程设计基础资料； (4)城市接口资料
	施工阶段监理	(1)设计图纸和施工说明书； (2)施工组织设计大纲； (3)施工合同及其他工程建设合同； (4)施工许可资料
反映业主对项目监理要求的资料		(1)委托监理合同；反映监理工作范围和内容； (2)项目监理大纲
反映项目建设条件的资料		(1)当地的气象资料和工程地质及水文地质勘测资料； (2)当地建筑材料供应状况的资料； (3)当地交通、能源和市政公用设施的资料
反映当地建设政策、法规方面的资料		(1)工程建设程序； (2)招投标和建设监理制度； (3)工程造价管理制度等； (4)有关的法律、法规、规定及有关政策
工程建设方面的法律、法规、规范、规程、标准		中央、地方和部门的政策、法律、法规，包括勘测、设计、施工、质量验评等方面的法定规范、规程、标准等

四、编写监理规划的要求

（1）基本构成内容应力求统一。

（2）具体内容应具有针对性。

（3）应当遵循工程建设运行的规律。

（4）应由总监理工程师主持编制。

（5）应在总体工程开工前完成编制、审批工作。

（6）表达方式应当格式化、标准化。

（7）应当体现监理单位的管理水平。

（8）应当充分听取建设单位的意见。

五、监理规划的编制内容及要点

施工阶段的工程监理规划至少应当包括下列 12 项内容：（1）工程概况、（2）监理工作范围、（3）监理工作内容、（4）监理工作目标、（5）监理工作依据、（6）项目监理机构的组织形式、（7）项目监理机构的人员配备计划、（8）项目监理机构的人员岗位职责、（9）监理工作程序、（10）监理工作方法与措施、（11）监理工作制度、（12）监理设施等。

1. 工程项目概况

工程的概况部分要根据《工程施工监理招标文件》和工程施工图纸、招标问题澄清答疑资料、施工承包合同、施工监理合同等文件资料编写，主要包括以下内容：

（1）工程项目名称。

（2）工程地点。

（3）工程组成及工程规模。

（4）主要工程设计结构类型。

（5）工程合同价及主要工程合同金额。

（6）工程计划工期。以建设工程的计划持续时间或以建设工程开、竣工的具体日历时间表示：

1）以工程计划持续时间表示：工程计划工期为"××个月"或"×××天"；

2）以工程的具体日历时间表示：工程计划工期由××年×月×日至××年×月×日，共计××个月或××天。

（7）工程质量要求。应具体列出工程质量总目标要求及其特别指标要求。

（8）工程设计单位、施工单位和分包单位、建设单位、监理单位等名称。

2. 监理工作范围

监理工作范围是指监理单位所承担的监理任务的工程范围。如果监理单位承担全部建设工程的监理任务，监理范围为全部建设工程。否则，应按监理单位所承担的建设工程的施工标段或子项目划分确定工程监理范围。

3. 监理工作内容

（1）工程立项阶段监理工作的主要内容。

（2）设计阶段监理工作的主要内容。

（3）施工招标阶段监理工作的主要内容。

1）拟定工程施工招标方案并征得建设单位同意；

2）准备工程施工招标合同条件；

3）协助办理施工招标申请；

4）编写施工招标文件并经建设单位批准；

5）编制施工合同段的标底，经建设单位认可后报送所在地方建设行政主管部门审核；

6）组织或参与工程施工招标工作；

7）组织现场勘察与答疑会，和建设单位一起回答投标人提出的问题；

8）组织或参与开标、评标及定标工作；

9）协助建设单位与中标单位商签工程施工合同。

（4）材料、设备采购供应监理工作的主要内容。

由建设单位负责采购供应的材料、设备等物资，监理工程师应负责制定计划，监督合同的执行和供应工作。具体内容包括：

1）制定材料、设备供应计划和相应的资金需求计划；

2）通过质量、价格、供货期、售后服务等条件的分析和比选，确定或报建设单位批准材料、设备等物资的供应单位。重要设备尚应访问现有使用用户，并考察生产单位的质量保证体系等；

3）拟定材料、设备的订货合同；

4）监督合同的实施，确保材料、设备的质量和及时供应。

（5）施工准备阶段监理工作的主要内容。

1）监理工程师应审查施工单位选择的分包单位的资质及其能力、信誉和分包计划、分包协议等；

2）监理工程师应监督检查、确认施工单位提交的场地占用计划和临时增减的用地计划，并及时提交建设单位；

3）监理工程师应检查施工单位质量、安全、环保等保证体系是否落实，重点检查项目经理、技术负责人、工地试验室负责人的资格及质量、安全、环保人员的履约到岗情况；

4）监理工程师应参加建设单位组织的设计技术交底工作；

5）监理工程师应审批施工单位上报的实施性施工组织设计。重点对施工方案、劳动力、材料、机械设备的组织及保证工程质量、安全、工期和费用等方面的措施进行监督，并向建设单位提出监理意见，技术复杂或采用新技术、新工艺和在特殊季节施工的分项、分部工程和危险性较大的分项、分部工程，应要求施工单位编制专项施工方案，并由驻地监理工程师审核，总监理工程师批准后实施；

6）审批施工单位的基准点、基准线、高程点、验收地面线。在总体工程或者分部工程开工前检查施工单位的复测资料，特别是两个相邻施工单位之间的测量资料、控制桩是否交接清楚，手续是否完善，质量有无问题，并对贯通测量、中线及水准桩的设置、固桩情况进行审查；对重点工程部位的中线、水平控制进行复查；

7）监理工程师应检查施工单位的试验人员资质和到岗情况，检查试验仪器、设备到位情况和标定计量情况；

8）审批工程划分，总监理工程师在总体工程开工前对施工单位提交的分项、分部、单位工程划分予以批复并报建设单位备案；

9）监理工程师应对工程量清单复核结果进行核算；

10）总监理工程师应在施工单位提交了开工预付款担保后，按合同规定的金额签发开工预付款支付证书，报建设单位审批；

11）总监理工程师应在合同工程开工前主持召开由施工单位项目经理、技术负责人及相关人员参加的监理交底会议，介绍监理规划的相关内容；

12）总监理工程师应组织并主持召开第一次工地会议，检查工程施工准备情况，明确工程监理程序等；

13）监理工程师应监督落实各项施工条件，审查总体工程的开工报告，具备开工条件的，由总监理工程师签发合同工程开工令，并报建设单位备案等。

（6）施工阶段监理工作的主要内容。

1）施工阶段的质量监理。

对所有的隐蔽工程在进行隐蔽以前进行检查和办理签证，对重点工程要派监理人员驻点跟踪监理，签署分项工程、分部工程和单位工程质量评定表；

对施工测量、放样等进行检查，对发现的质量问题应及时通知施工单位纠正，并做好监理记录；

监理工程师应检查确认运到现场的工程材料、构件和设备质量，并应查验试验、化验报告单、出厂合格证是否齐全、合格，监理工程师有权禁止不符合质量要求的材料、设备进入工地和投入使用；

监理工程师应监督施工单位严格按照施工规范、图纸进行施工，严格执行施工合同；

对工程主要部位、主要环节及技术复杂的工程，加强现场旁站检查；

旁站施工单位的工程质量自检工作，审查数据是否齐全，填写是否正确，并对施工单位的质量自评作出监理评价；

对施工单位的检验测试仪器、设备、度量衡定期检验，不定期地进行抽验，保证度量资料的准确；

监理工程师应监督施工单位制作和养护各类质量检测试件，按规定进行检查和抽查；

对施工过程进行日常巡视检查，并做好巡视记录；

监理工程师应监督施工单位认真处理施工中发生的一般质量事故，并认真做好监理记录；

对重大质量事故以及其他紧急情况，应及时报告建设单位，并按建设单位的处理意见处理。

2）施工阶段的进度监理。

监理工程师应监督施工单位编制工程进度计划；

在合同规定的时间内审批施工单位提交的进度计划，总体进度计划由总监理工程师审批，月进度计划等由驻地工程师审核并报总监办；

监理工程师应督促施工单位按监理批准的进度计划组织施工；检查实际进度情况，并与计划进度比较，发现偏差及时纠偏；

对控制工期的重点工程，审查施工单位提出的保证进度的具体措施。如发生延误，应及时分析原因，采取对策；

监理工程师应建立工程实际进度台账，核对工程形象进度，按月、季向建设单位报告施工计划执行情况、工程进度及存在的问题。

3）施工阶段的安全监理。

工程开工前，审查施工组织设计中的安全技术措施或专项施工方案是否符合强制性标准，审查合格后方可同意开工。重点审查职业健康安全管理和安全管理体系、安全管理制度、安全操作规程和施工现场临时用电方案，审查安全生产事故应急预案的制定情况，审查安全教育计划、安全交底情况和安全技术措施费用的使用计划等；

监督施工单位按照专项安全施工方案组织施工，发现违章作业应予制止。施工单位拒不整改或不停止施工的，监理工程师应及时报告主管部门；

督促施工单位进行安全生产自查、落实安全生产技术措施；

建立施工安全监理台账，总监和驻地工程师应定期检查施工安全监理台账的记录情况；

分项、分部工程交工验收时，如果安全事故的现场处理未完成，监理不得签发《中间交工证书》。

4）施工阶段的环保监理。

审查施工组织设计是否按设计文件和环境影响评价报告的要求制定了施工环境管理方案（或措施），审查合格后方可同意开工；

监理工程师在巡视、旁站中，应随时检查施工单位制定的施工环境管理方案（或措施）的落实情况；

5）施工阶段的造价监理。

监理工程师应审查施工单位申报的工程计量报表，认真核对其工程数量，不超计、不漏计，严格按合同规定进行计量支付签证；

监理工程师应保证支付签证的各项工程质量合格、数量准确；

监理工程师应建立计量支付签证台账，定期与施工单位核对清算等。

6）施工阶段的合同管理。

按建设单位授权和合同条件的规定审核变更设计，须由建设单位批准的隐蔽工程的变更，还应会同建设、设计、施工等单位现场共同确认；建设单位要求工程变更时，监理工程师应按合同条件的规定下达工程变更令；

监理工程师应对符合合同规定的延期事件做好调查和记录，并进行认真审查；

监理工程师应对符合合同规定的工程索赔意向和申请予以受理，做好调查和记录，并进行认真审核，审核后编制费用索赔报告报建设单位；

监理工程师应核定价格调整、计日工；

监理工程师应受理争端一方或双方的协调申请，调查和收集资料，提出解决建议，参与协调。仲裁或诉讼时，监理工程师有义务作为证人向仲裁机关或法院提供有关部门证据等。

（7）交工验收阶段监理工作的主要内容。

1）督促、检查施工单位及时整理交工文件和验收资料，审核工程交工验收申请，提出监理意见；

2）审查施工单位的质量评定报告，提出监理方面的工程质量验评报告；

3）组织工程预验收，编写工程预验收报告和监理工作总结报告，参加建设单位组织的交工验收，在交工证书上签署监理意见。

（8）缺陷责任期阶段监理工作的主要内容。

1）检查施工单位剩余工程的实施情况；

2）巡视检查已完工程；

3）记录发生的工程缺陷，指令施工单位进行修复，并对工程缺陷发生的原因、责任和修复费用进行调查、确认；

4）督促施工单位按合同规定完成竣工资料；

5）审查施工单位提交的终止缺陷责任的申请，符合条件时，经建设单位同意，监理工程师应在合同规定的时间内签发合同工程缺陷责任终止证书，并向建设单位提交缺陷责任期监理工作总结；

6）审核施工单位提交的最后结账单及其资料，经协商一致，总监理工程师签认并报建设单位审批；

7）参加竣工验收，提交监理工作报告和竣工资料，在竣工证书上签署监理意见。

4. 监理工作目标

工程监理目标是指监理单位所承担的建设工程的监理控制预期达到的目标。通常以工程的投资、质量、进度、职业健康安全、环境五项监理目标的控制值来表示。

（1）质量监理目标。

工程质量合格及建设单位的其他要求。

（2）安全监理目标。

不发生人身伤亡事故，不发生重大质量事故。

（3）环保监理目标。

施工过程环保达标，环境保护工程合格。

（4）费用监理目标。

静态投资为×××××万元（或合同价为××××万元）；

（5）进度监理目标。

××个月，或×××天，或自××××年×月×日至××××年×月×日。

5. 监理工作依据（第三条已叙述，此处不再介绍）

（1）工程建设方面的法律、法规和建设部的部门标准、规范体系；

（2）政府批准的工程设计文件；

（3）建设工程监理合同；

（4）其他建设工程合同，包括施工承包合同、指定分包合同、材料供应合同、试验检测合同等。

6. 项目监理机构的组织形式

项目监理机构的组织形式应根据建设工程监理要求选择一级、二级监理组织模式。

项目监理机构用组织结构图表示（略）。

7. 项目监理机构的人员配备计划

项目监理机构的人员配备应根据建设工程监理的进程合理安排。

8. 项目监理机构或监理人员的岗位职责

一名总监理工程师只宜担任一项委托监理合同的项目总监理工程师工作。当需要同时担任多项委托监理合同的项目总监理工程师工作时，须经建设单位同意。

相关岗位职责参见《建设工程监理规范》GB 50319。

9. 监理工作程序

监理工作程序比较简单明了的表达方式是监理工作流程图，一般可对不同的监理工作内容分别制定监理工作程序。

10. 监理工作方法及措施

工程监理工作的方法与措施应重点围绕质量监理和安全监理、环境监理、造价监理、进度监理这五大监理任务展开。

（1）质量监理目标方法与措施。

1）质量监理目标的描述；

2）质量目标实现的风险分析；

3）质量监理的工作流程与措施；

4）质量目标状况的动态分析；

5）质量监理表格。

（2）安全监理目标方法与措施。

（3）环境监理目标方法与措施。

（4）费用监理目标方法与措施。

（5）进度监理目标方法与措施。

（6）合同管理的方法与措施。

（7）信息管理的方法与措施。

（8）组织协调的方法与措施。

注：本款（2）～（8）项具体的方法与措施格式标题内容参见第（1）项叙述。

11. 监理工作制度

（1）施工招标阶段。

1）招标准备工作有关制度；

2）编制招标文件有关制度；

3）标底编制及审核制度；

4）合同条件拟定及审核制度；

5）组织招标实务有关制度等。

（2）施工阶段。

1）设计文件、图纸审查制度；

2）施工图纸会审及设计交底制度；

3）施工组织设计审核制度；

4）工程开工申请审批制度；

5）工程材料，半成品质量检验制度；

6）隐蔽工程、分项（部）工程质量验收制度；

7）单位工程、分部、分项工程中间交工验收制度；

8）设计变更处理制度；

9）工程质量事故处理制度；

10）施工进度监督及报告制度；

11）监理报告制度；

12）工程竣工验收制度；

13）监理日志和会议制度。

（3）项目监理机构内部工作制度。

1）监理机构工作会议制度；

2）对外行文审批制度；

3）监理费用收支预算制度；

4）办公用品采购领用制度；

5）监理人员请销假制度；

6）车辆使用维修制度；

7）职业道德建设制度。

12. 监理设施

提供满足监理工作需要的如下设施：

（1）办公设施。

（2）交通设施。

（3）通信设施。

（4）生活设施。

（5）检测试验设施。

六、监理规划的审核

工程监理规划在编写完成后，需要进行审核并经批准。工程监理单位的技术负责人、技术主管部门是内部审核单位，其负责人应当签字。监理规划审核的内容主要包括以下几个方面：

1. 监理范围、工作内容及监理目标的审核

依据监理招标文件和监理服务合同，审其是否理解了建设单位对该工程的建设意图，监理范围、监理工作内容是否包括了全部委托的工作任务，监理目标是否与合同要求和建设意图相一致。

2. 项目监理组织机构的审核

（1）组织机构

在组织形式、管理模式等方面是否合理，是否结合了工程实施的具体特点，是否能够与建设单位的组织关系和承包方的组织关系相协调等。

（2）人员配备

人员配备方案应从以下几个方面审查：

1）技术人员的专业满足程度。

2）人员数量的满足程度。

3）专业技术人员不足时采取的措施是否恰当。

4）派驻现场人员计划表。

3. 监理工作计划审核

在工程进展中各个阶段的工作实施计划是否合理、可行，审查其在每个阶段中如何控制建设工程目标以及组织协调的方法。

4. 质量、投资、进度和安全、环境监理方法的审核

对五大监理任务的控制方法和措施应重点审查，看其如何应用组织、技术、经济、合同措施保证监理目标的实现，方法是否科学、可行、合理、有效。

5. 监理工作制度审核

主要审查监理的内、外工作制度和组织纪律、职业道德建设制度等是否健全。

3.1.2 监理实施细则

监理实施细则范本如下：

××工程钢筋工程

监 理 实 施 细 则

编　　制：×××

审　　核：×××

××工程建设监理有限公司

××项目监理部

××××年××月××日

××工程钢筋工程监理实施细则

一、编制依据

1. 建筑工程施工质量验收统一标准 GB 50300；

2. 混凝土结构工程施工质量验收规范 GB 50204；

3. 钢筋焊接及验收规程 JGJ 18；

4. 钢筋机械连接技术规程 JGJ 107；

5. 无粘结预应力混凝土结构技术规程 JGJ/T 92；

6. 建设工程监理规范 GB 50319；

7. 建筑物抗震；

8. 东侧商务楼和 1 号、2 号住宅楼结构设计施工图；

9. 承包单位编制的东侧商务楼和 1 号、2 号住宅楼施工组织设计、施工方案。

二、专业工程的特点

1. 东侧商务楼

主体结构为全现浇框架剪力墙结构，现浇楼盖采用无粘结预应力技术，预应力筋为低松弛钢绞线（1860）；基础类型为筏板、独立柱基＋抗水板；建筑物层数为地下室 2 层，地上 15 层；钢筋原材料采用 HPB 300 级；工程质量目标：北京市建设工程"长城杯"奖；钢筋连接分别采用直螺纹连接、闪光对焊、电渣压力焊等方式。

2. 1 号住宅楼

主体结构地上为全现浇剪力墙结构，地下室为框架剪力墙结构；基础类型为筏板式基础；建筑物层数地下 2 层，地上 6~11.5 层；钢筋原材料采用 HPB 300 级，HRB 335 级；工程质量目标：北京市建设工程"长城杯"奖；钢筋连接分别采用直螺纹连接、闪光对焊、电渣压力焊等方式。

3. 2 号住宅楼

主体结构地上为全现浇剪力墙结构，地下室为框架剪力墙结构；基础类型为筏板式基础，建筑物层数地下 2 层，地上 12 层；钢筋原材料采用 HPB 300 级、HRB 335 级；工程质量目标：北京市建设工程"长城杯"奖；钢筋连接分别采用直螺纹连接、闪光对焊、电渣压力焊等方式。

三、监理工作流程

钢筋工程监理工作流程，见图 1。

四、监理工作的控制要点及目标值

1. ××工程钢筋工程监理工作的控制要点

钢筋工程监理工作的控制要点，如表 1 所示。

××工程钢筋工程监理工作的控制要点　　　　　　　　　　　　　　表 1

序号	项目名称	监理工作的控制要点
1	原材检验	出厂质量证明文件、外观、见证抽样复试
2	钢筋加工	钢筋加工尺寸允许偏差
3	钢筋安装	钢筋安装允许偏差、钢筋连接检验、无粘结预应力
4	结构实体检验	检测钢筋保护层厚度

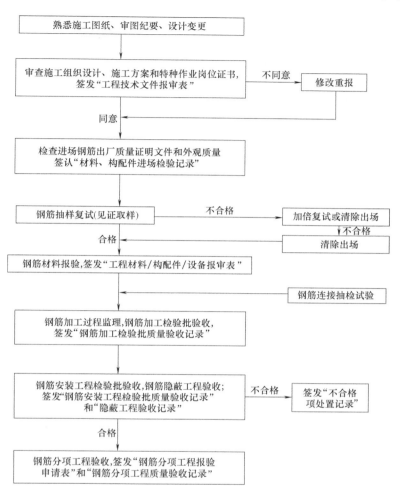

图1 钢筋工程监理工作流程框图

2. 钢筋工程控制目标值

（1）钢筋原材料检验监理控制目标值。

进场钢筋按《钢筋混凝土用钢 第1部分：热轧光圆钢筋》GB 1499.1—2008和《钢筋混凝土用钢 第2部分：热轧带肋钢筋》GB 1499.2—2007/XG1—2009等的规定进行力学性能检验，其质量必须符合有关标准；对一、二级抗震框架受力筋强度实测值：抗拉强度实测值/屈服强度实测值≥1.25，屈服强度实测值/强度标准值≤1.3。东侧商务楼楼盖无粘结预应力筋进场后，按《预应力混凝土用钢绞线》GB/T 5224等规定抽取试件进行力学性能检验。

（2）钢筋加工监理控制目标值，见表2。

钢筋加工尺寸要求及允许偏差 表2

序号	钢筋加工控制项目	钢筋加工控制目标值
1	HRB级135°弯勾时	弯弧内直径≥4d，平直部分按设计要求
2	钢筋小于90°弯折时	弯弧内直径≥5d
3	箍筋弯勾折弯角度	一般结构：≥90°；抗震结构：135°

续表

序号	钢筋加工控制项目	钢筋加工控制目标值(mm)
4	箍筋弯后平直长度	一般结构：≥5d；抗震结构：≥10d
5	受力筋全长净尺寸	±10
6	弯起钢筋的弯折位置	±20
7	箍筋内净尺寸	±5

（3）钢筋连接监理控制目标值。

施工现场钢筋直螺纹连接、闪光对焊、电渣压力焊等钢筋连接严格按《钢筋机械连接技术规程》JGJ 107—2010和《钢筋焊接及验收规程》JGJ 18抽取试件作力学性能检验，其质量应符合有关规定。

同一连接区段，纵向受力钢筋接头面积应符合设计要求或符合下列规定：受拉区小于50%；接头不宜设在抗震梁、柱端头，无法避开时机械连接小于50%；动力荷载构件不宜采用焊接接头，机械连接头小于50%。

（4）钢筋安装监理控制目标值。

钢筋安装时，受力筋的品种、级别、规格和数量必须符合设计要求，钢筋安装位置的允许偏差和检验方法见表3。

钢筋安装位置的允许偏差及检验方法 表3

项次	项 目		允许偏差(mm)	检查方法
1	绑扎骨架	宽、高	±5	尺量
		长	±10	
2	受力钢筋	间距	±10	钢尺量两端中间各一点，取最大值
		排距	±5	
		弯起点位置	20	
3	箍筋、横向筋焊接网片	间距	±20	尺量连续5个间距
		网格尺寸	±20	
4	保护层厚度	基础	±10	量规和尺量
		柱、梁	±5	
		板、墙、壳	±3	
5	钢筋电弧焊连接焊接	宽度≥0.7d	—	2m靠尺、塞尺
		厚度≥0.3d	—	
		长度	—	
6	电渣压力焊焊苞凸出钢筋表面		≥4	尺量
7	不等强锥螺纹接头外露丝扣	锥筒外露整扣	1个	目测
		锥筒外露半扣	—	
8	梁、板受力钢筋搭接锚固长度	入支座、节点搭接	—	尺量
		入支座、节点锚固	—	
9	两端镦头的预应力钢丝束长度	同一束钢丝长度	≤5	尺量
		同一组钢丝长度	≤2	
10	无粘结筋位置垂直偏差	板内	±5	尺量
		梁内	±10	
11	预应力筋承压板	中心线位置	—	尺量
			—	

（5）本工程钢筋保护层厚度见表4。

钢筋保护层厚度控制值　　　　　　　　　　表4

序　　号	构 件 名 称	钢筋保护层厚度（mm）
1	基础	40（迎水面 50）
2	地下外墙（迎水面）	50
3	梁	25
4	框架柱	30
5	楼板	15
6	其他墙体	15

五、监理工作的方法和措施

（1）熟悉设计施工图纸，明确结构各部位钢筋的品种、规格、绑扎及连接要求；掌握《混凝土结构工程施工质量验收规范》GB 50204 中的有关规定。

（2）严格审查施工单位编制的施工组织设计和施工方案，查验焊（连）接工人的特种作业人员资格证，应与作业范围相符且年检合格。

（3）钢筋原材料进场时，审查供货方的资质、产品合格证及出厂检验报告，检查钢筋外观（有无损伤、裂纹、油污、颗粒状或片状老锈等）；按相关材料标准的规定进行力学性能检验，对抽检过程进行现场见证，其质量必须符合有关标准；东侧商务楼楼盖无粘结预应力筋进场后，按《预应力混凝土用钢绞线》GB/T 5224 等规定抽取试件进行力学性能检验；预应力混凝土用钢绞线按 100％见证试验。填报"工程材料报审表"并签认。

（4）钢筋焊接和机械连接监理工作

1）钢筋电弧焊：焊工必须经过专业技能培训考试合格持证上岗；抽查接头外观质量，焊缝表面应平整，不得有凹陷或焊瘤，接头区域不得有裂纹，接头尺寸偏差及缺陷符合《钢筋焊接及验收规程》JGJ 18 中的规定。接头的力学性能检验应符合相关标准的规定。

2）钢筋闪光对焊：焊工持证上岗，焊机的调伸长度、烧化留量、顶段留量及变压器级数等焊接参数要进行详细的技术交底，施工过程中不定期抽查。焊接头应逐个进行外观检查，闪光对焊接头处不得有横向裂纹，与电极接触处钢筋表面不得有明显的烧伤，接头处的弯折角不得大于 4°，接头处的轴线偏移不得大于钢筋直径的 0.1 倍，且不得大于 2mm，外观检查有 1 个接头不符合要求时，应对全部接头进行抽查，剔去不合格接头，切除热影响区后重新焊接；闪光对焊接头力学性能试验时应从每批接头中随机切取 6 个试件，其中 3 个做拉伸试验，3 个做弯曲试验，在同一台班内，由同一焊工完成的 300 个同级别、同直径钢筋焊接接头作为一批，当同一台班内焊接头数量较少，可在一周之内累计计算，累计仍不足 300 个接头，应按一批计算；钢筋闪光对焊接头力学性能试验按 30％见证取样复试。

3）钢筋电渣压力焊

4）钢筋直螺纹连接

① 在施工现场加工钢筋接头时，应符合下列规定：

a. 加工钢筋接头的操作工人应经专业技术人员培训合格后才能上岗，人员应对稳定；

123

b. 钢筋接头的加工应经工艺检验合格后方可进行。

② 直螺纹接头的现场加工应符合下列规定：

a. 钢筋端部应切平或镦平后加工螺纹；

b. 镦粗头不得有与钢筋轴线相垂直的横向裂纹；

c. 钢筋丝头长度应满足企业标准中产品设计要求，公差应为 $0\sim2.0p$（p 为螺距）；

d. 钢筋丝头宜满足 $6f$ 级精度要求，应用专用直螺纹量规检验，通规能顺利旋入并达到要求的拧入长度，止规旋入不得超过 $3p$。抽检数量 10%，检验合格率不应小于 95%。

③ 直螺纹钢筋接头的安装质量应符合下列要求：

a. 安装接头时可用管钳扳手拧紧，应使钢筋丝头在套筒中央位置相互顶紧。标准型接头安装后的外露螺纹不宜超过 $2p$。

b. 安装后应用扭力扳手校核拧紧扭矩，拧紧扭矩值应符合表 5 的规定。

直螺纹接头安装时的最小拧紧扭矩值　　　　　　　　　　　　　　表 5

钢筋直径(mm)	≤16	18～20	22～25	28～32	36～40
拧紧扭矩(N·m)	100	200	260	320	360

c. 校核用扭力扳手的准确级别可选用 10 级。

④ 工程中应用钢筋机械接头时，应由该技术提供单位提交有效的型式检验报告。

⑤ 钢筋连接工程开始前，应对不同钢筋生产厂的进场钢筋进行接头工艺检验；施工过程中，更换钢筋生产厂时，应补充进行工艺检验。

⑥ 接头安装前应检查连接件产品合格证及套筒表面生产批号标识；产品合格证应包括适用钢筋直径和接头性能等级、套筒类型、生产单位、生产日期以及可追溯产品原材料力学性能和加工质量的生产批号。

⑦ 现场检验应按《钢筋机械连接技术规程》JGJ 107—2010 进行接头的抗拉强度试验，加工和安装质量检验；对接头有特殊要求的结构，应在设计图纸中另行注明相应的检验项目。

⑧ 接头的现场检验应按验收批进行。同一施工条件下采用同一批材料的同等级、同型式、同规格接头，应以 500 个为一个验收批进行检验与验收。不足 500 个也应作为一个验收批。

⑨ 螺纹接头安装后应按《钢筋机械连接技术规程》JGJ 107—2010 第 7.0.5 条的验收批，抽取其中 10% 的接头进行拧紧扭矩校核，拧紧扭矩值不合格数超过被校核接头数的 5% 时，应重新拧紧全部接头，直到合格为止。

⑩ 对接头的每一验收批，必须在工程结构中随机截取 3 个接头试件作抗拉强度试验，按设计要求的接头等级进行评定。当 3 个接头试件的抗拉强度均符合《钢筋机械连接技术规程》JGJ 107—2010 表 3.0.5 中相应等级的强度要求时，该验收批应评为合格。如有 1 个试件的抗拉强度不符合要求，应再取 6 个试件进行复检。复检中如仍有 1 个试件的抗拉强度不符合要求，则该验收批应评为不合格。

⑪ 现场检验连续 10 个验收批抽样试件抗拉强度试验一次合格率为 100% 时，验收批接头数量可扩大 1 倍。

⑫ 现场截取抽样试件后，原接头位置的钢筋可采用同等规格的钢筋进行搭接连接，

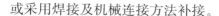

或采用焊接及机械连接方法补接。

5）钢筋负温焊接，可采用闪光对焊、电渣压力焊、电弧焊等焊接方式。当环境温度低于−20℃时，不宜进行施焊，雪天或施焊现场风速超过 5.4m/s（3 级风）焊接时，应采取遮蔽措施，焊接后冷却的接头应避免碰到冰雪。

（5）钢筋加工监理

1）钢筋加工前应先进行调查，不得有局部弯曲；钢筋调直采用冷拉时，HPB 235 级钢筋冷拉率不宜大于 4%，HRB 335 级钢筋冷拉率不宜大于 1%。

2）受力钢筋 HPB 235 级末端应做 180°弯钩，其弯弧内直径不应小于钢筋直径的 2.5倍，弯钩的弯后平直部分长度不应小于钢筋直径的 10 倍；当设计要求钢筋末端做 135°弯钩时，HRB 335 级钢筋的弯弧内直径不应小于钢筋直径的 4 倍；钢筋制作不大于 90°的弯折时，弯折处的弯弧内直径不应小于钢筋直径的 5 倍，按每工作班同一类型钢筋，同一加工设备抽查不应少于 3 件。

3）钢筋箍筋加工：除焊接封闭式箍筋外，箍筋末端应做弯钩，弯钩弧内径应大于受力钢筋直径，按抗震要求弯钩的弯折角度应为 135°，箍筋弯后平直部分不小于 10d（d 为箍筋直径）。

4）无粘结筋下料和制束：下料长度应考虑锚固端保护层厚度、张拉伸长值及混凝土压缩变形量等因素；用砂轮锯进行逐根切割，同时检查无粘结筋外包层的完好程度；钢绞线顺直无扭结，如遇死弯必须切掉。

（6）钢筋绑扎监理

1）检查受力钢筋的品种、级别、规格和数量是否符合设计要求，对钢筋安装位置的偏差要进一步加强检查，在同一检验批内对梁、柱应抽查构件数量的 10%，且不小于 3间，对大空间结构墙可按相邻轴线间高度 5m 左右划分检查面、板按纵横轴线划分检查面，抽查 10%，且均不少于 3 面，钢筋安装位置的允许偏差及检查方法详见表 3。

2）钢筋的锚固与搭接：钢筋的锚固长度应符合设计要求和国家有关规范标准；钢筋的搭接长度按搭接钢筋较小直径计算，绑扎搭接应在 1.3 倍搭接长度范围内相互错开，机械连接按 35d（且大于 500mm）范围内相互错开；其中，有接头受力钢筋截面积占受力钢筋总截面积允许百分率应符合：

① 绑扎接头受拉区不大于 25%，受压区不大于 50%；

② 受力钢筋焊接接头受拉区不大于 50%，受压区不限制；

③ 受力钢筋机械连接接头受拉区不大于 50%，受压区不限制。

3）无粘接预应力筋张拉：张拉机具设备和仪表要经具有相应资质单位校验和检定；无粘接预应力筋定位应牢固，浇筑混凝土不得移位和变形，预埋锚垫板应垂直于预应力筋；预应力筋张拉锚固后实际建立的预应力值与设计规定检验值的相对允许偏差为±5%；预应力筋张拉时，混凝土强度应达到设计要求。

六、钢筋工程的隐检和施工质量验收

钢筋工程施工质量严格按设计图纸和《混凝土结构工程施工质量验收规范》GB 50204 进行验收；按楼层划分钢筋、预应力工程 2 个分项，按施工流水段划分若干个检验批进行验收；混凝土浇筑前应按规定进行钢筋工程隐蔽验收。

3.1.3　监理月报

监理月报范本如下：

＿＿××住宅楼＿＿工程监理（×）月份月报

建设单位：＿＿＿＿＿＿＿××集团开发有限公司＿＿＿＿＿＿＿

监理机构（章）：＿＿＿××工程建设监理有限公司××项目监理部＿＿＿

合同编号：＿＿＿＿＿＿＿＿＿＿××××＿＿＿＿＿＿＿＿＿＿

总监理工程师：＿＿＿＿＿＿＿＿×××＿＿＿＿＿＿＿＿＿＿

编制人员：＿＿＿＿＿＿＿＿＿＿×××＿＿＿＿＿＿＿＿＿＿＿

填报日期：＿＿＿＿＿＿＿＿＿××年×月×日＿＿＿＿＿＿＿＿

工程名称	××住宅楼工程	建设单位	××集团开发有限公司
设计单位	××建筑设计研究院	施工单位	××建设集团有限公司
本月工程概况	(1)各专业施工形象进度情况 1)土建工程:截止到7月25日的形象进度:①四层Ⅳ段顶板混凝土完成;②五层结构全部完成;③六层顶板混凝土浇筑完;④地下室外墙防水卷材完成;⑤保护墙完成;⑥回填土完成2/3。 2)建筑电气工程敷管预埋与土建配合进度一致。 3)水暖安装、通风与空调安装工程:留洞、套管预埋与土建配合进度一致。 (2)安全生产、文明施工情况 1)本月安全生产无事故。 2)文明施工情况。 基本做到工程材料、半成品、构件的堆放整齐,材料的标识基本到位;施工过程中基本做到工完场清。		
本月工程形象进度完成情况	1.工程实际完成情况与总进度计划比较(见表1) 2.本月实际完成情况与进度计划比较(表2) 3.本月工、料、机动态(见表3) 4.对进度完成情况的分析 (1)本月施工进度计划与实际完成的比较 四层Ⅳ段顶板混凝土按计划完成。五层结构按计划拖后1天。六层结构按计划拖后2天。地下室防水层、保护墙和回填土拖后3天。 (2)本月施工进度计划与实际完成的分析 本月计划拖后3天完成,主要原因是回填土因现场作业场地狭窄,需要外运土方供应不及时,回填拖后3天,结构施工因顶板梁模板和钢筋施工作业拖后2天。 5.本月采取的措施及效果 本月的进度计划在月末发生影响进度情况,拖延的时间要在下月初采取必要的措施赶上,确保总进度计划按期完成。		

工程名称	××住宅楼工程	建设单位	××集团开发有限公司
设计单位	××建筑设计研究院	施工单位	××建设集团有限公司

本月工程形象
进度完成情况

表 1

工程实际完成情况与总进度计划比较表

序号	分部工程名称	2011 年											
	年　月	1	2	3	4	5	6	7	8	9	10	11	12
1	±0.000 以下结构												
2	主体结构												
3	装饰装修工程												
4	机电安装工程												
5	竣工清理验收												

计划进度：　　　　实际进度。

工程名称	××住宅楼工程	建设单位	××集团开发有限公司
设计单位	××建筑设计研究院	施工单位	××建设集团有限公司

本月工程形象进度完成情况

本月实际完成情况与进度计划比较表　表 2

序号	分部工程名称	日期	6月					7月																									
			26	27	28	29	30	1	2	3	4	5	6	7	8	9	10	11	12	13	14	15	16	17	18	19	20	21	22	23	24	25
1	四层Ⅳ段结构																																
2	五层Ⅰ、Ⅱ段结构																																
3	五层Ⅲ、Ⅳ段结构																																
4	六层Ⅰ、Ⅱ段结构																																
5	六层Ⅲ、Ⅳ段结构																																
6	外墙防水层、保护墙及回填土																																

计划进度：————　实际进度：————

工程名称	××住宅楼工程	建设单位	××集团开发有限公司
设计单位	××建筑设计研究院	施工单位	××建设集团有限公司

表3

本月工、料、机动态统计表

本月工程形象进度完成情况

人工	工种	电工	机械工	钢筋工	木工	水暖工	混凝土工	防水工	其他	总人数
	人数	5	3	20	30	4	20	6	30	118
	持证人数	5	3	12			10	4		34

主要材料	名称	单位	上月库存量	本月进场量	本月消耗量	本月库存量
	钢筋	t	50	85	80	55
	防水卷材	m²	2000	0	2000	0
	预拌混凝土	m³	0	350	350	0
	白砂砖	块	10000	10000	10000	0

主要机械	名称	生产厂家	规格型号	数量
	钢筋切割机	××机械制造厂	2.2kW	2
	钢筋弯曲机	××机械制造厂	3kW	2
	卷扬机	××机械设备有限公司	11kW	1
	电焊机	××机械设备有限公司	50Hz	1
	塔式起重机	××机械制造公司	QTZ6516	1

(6)本月在施部位工程照片(略)

工程名称	××住宅楼工程	建设单位	××集团开发有限公司
设计单位	××建筑设计研究院	施工单位	××建设集团有限公司

<table>
<tr><td rowspan="30">工程质量情况</td><td colspan="5">1. 分项工程验收情况（见表4）</td></tr>
</table>

工程质量情况

1. 分项工程验收情况（见表4）

分项工程验收情况表　　　　表4

序号	部位	分项工程名称	报验单号	承包单位自评	监理单位确定
				验评等级	
一	建筑工程				
（一）	基础工程				
1	地下一层外墙	防水工程	×××	合格	合格
2	地下一层外墙	防水保护墙	×××	合格	合格
（二）	主体工程				
1	首层Ⅰ～Ⅳ段柱	混凝土工程	×××	合格	合格
2	首层Ⅰ～Ⅳ段顶板、楼梯	混凝土工程	×××	合格	合格
3	二层Ⅰ～Ⅳ段柱	混凝土工程	×××	合格	合格
4	二层Ⅰ～Ⅳ段顶板、楼梯	混凝土工程	×××	合格	合格
5	五层Ⅰ～Ⅳ段柱	钢筋工程	×××	合格	合格
6	五层Ⅰ～Ⅳ段柱	模板工程	×××	合格	合格
7	五层Ⅰ～Ⅳ段顶板、楼梯	模板工程	×××	合格	合格
8	五层Ⅰ～Ⅳ段顶板、楼梯	钢筋工程	×××	合格	合格
9	六层Ⅰ～Ⅳ段柱	钢筋工程	×××	合格	合格
10	六层Ⅰ～Ⅳ段柱	模板工程	×××	合格	合格
11	六层Ⅰ～Ⅳ段顶板、楼梯	模板工程	×××	合格	合格
12	六层Ⅰ～Ⅳ段顶板、楼梯	钢筋工程	×××	合格	合格
二	电气安装工程				
1	五层Ⅰ～Ⅳ段顶板	管路敷设	×××	合格	合格
2	六层Ⅰ～Ⅳ段顶板	管路敷设	×××	合格	合格

2. 分部工程验收情况统计（见表5）

分部工程验收情况统计表　　　　表5

序号	分部工程名称	本月		累计	
		合格项数	合格率%	合格项数	合格率%
1	地基与基础	2	100	24	100
2	主体结构	47	100	75	100
3	建筑给水排水及采暖	0	0	8	100
4	建筑电气	8	100	38	100
5	通风与空调	0	0	5	100

3. 工程质量问题

本期存在工程质量问题是回填土的分层厚度不符合要求，主要发生在夜间施工段的回填土的分层厚度超过300mm。

4. 工程质量情况分析

本期回填土的分层厚度不符合要求的主要原因是施工人员对回填土的质量不重视，现场管理不到位。

5. 本月采取的措施及效果

回填土的分层厚度不符合要求的部位进行返工处理，承包单位并对负责该工序施工的管理人员及操作工人进行通报批评和处罚。经处理后回填土的质量达到要求。

工程名称	××住宅楼工程	建设单位	××集团开发有限公司
设计单位	××建筑设计研究院	施工单位	××建设集团有限公司

工程签证情况

1. 工程量审批情况（见表6）

工程量审批情况表　　　　　　　　表6

序号	项　目	单位	申报工程量	核定数量	简要说明
1	有地下室挖土方(槽深≤10m的包括面积在内)	m³	1557.67	0	未完成
2	抗压板土方增加费	m³	301.85	301.85	
3	3mm×2厚SBS卷材(外立面)	m²	1636.33	1636.33	
4	烧结普通砖保护墙(厚度115mn)	m²	1689.20	1689.20	
5	2:8防渗灰土	m³	509.45	509.45	
6	现浇混凝土矩形柱(周长在1.2m以内)C30	m³	90.00	90.00	
7	现浇混凝土矩形柱(周长在1.2m以外)C30	m³	2.04	2.04	
8	现浇钢筋混凝土框架梁C30	m³	212.00	212.00	
9	现浇钢筋混凝土板底梁C30	m³	95.00	95.00	
10	现浇钢筋混凝土有梁板(厚100mm)C30	m²	1736.00	1736.00	
11	现浇钢筋混凝土板增减10mmC30	m²	1736.00	1736.00	
12	现浇钢筋混凝土有梁板(厚100mm)C30	m²	8.06	8.06	
13	现浇钢筋混凝土板增减10mmC30	m²	8.06	8.06	
14	现浇钢筋混凝土平板(厚100mm)C30	m²	157.48	157.48	
15	现浇钢筋混凝土板增减10mmC30	m²	157.48	157.48	

2. 工程款审批情况及月支付情况（见表7）

工程款审批情况表　　　　　　　　表7

工程名称		××住宅楼工程		合同价		××万元	
序号	项目内容	至上月累计(元)		本月完成(元)		至本月累计(元)	
		申报数	核定数	申报数	核定数	申报数	核定数
	7月份工程进度款	3314276	3300000	1389818	1200000	4704094	4500000
	工程变更费用	37781	13835	0	0	37781	13835

3. 工程款支付情况分析

建设单位按施工合同的规定，向施工方及时支付了工程款，施工方应做到专款专用，保证本工程款项用于本工程。

4. 本月采取的措施及效果

按施工合同的约定，正确计量月完成工程量，审核月工程进度款，保证工程款支付与施工进度一致；严格控制变更、洽商的签认及其费用审核。

工程名称	××住宅楼工程	建设单位	××集团开发有限公司
设计单位	××建筑设计研究院	施工单位	××建设集团有限公司

合同其他事项处理情况

1. 设计变更、洽商(见表8)

设计变更、洽商情况表 表8

序号	编号	日期	变更及洽商部位	变更及洽商概述	变更及洽商理由
一	土建洽商				
1	×××	2011.6.27	地下一层	⑧~⑨/⑪轴设备管井变更	原图纸设计不明确
2	×××	2011.6.29	基础肥槽回填	肥槽回填做法	工程需要
3	×××	2011.6.27	3号、4号楼梯	3号、4号楼梯增加梯梁柱	规范要求
4	×××	2011.7.1	地下一层	两侧后浇带封堵变更	设备安装需要
5	×××	2011.7.5	5层	结施15、17部分梁变更	结构需要
6	×××	2011.7.11	5层	增加阳台配筋图	结构需要
7	×××	2011.7.14	5层	结施—8	结构需要
二	电气洽商				
1	×××	2011.7.22	地下室	增加照明	甲方需要

2. 工程延期(见表9)

工程延期情况表 表9

申请日期	延期内容	审批日期	审批意见	监理签认
2011.7.5	因工程变更	2011.7.6	同意延期1天	×××

本月监理工作小结

1. 对本月进度、质量、工程款支付等方面情况的综合评价

本月的工程进度有拖后,但情况不严重。主体结构的总进度没有受到大的影响。工程质量方面回填土发生个别部位的质量问题,通过整改得到解决。主体结构施工质量较好。工程款支付情况正常进行,没有影响承包单位的资金使用。

2. 本月监理工作情况

本月监理工作重点控制结构主体的施工质量控制,做到严格监理,热情服务。对进场材料进行检查和验收。对各分项工程的报验进行检查验收。杜绝不合格的材料用在工程上和上道工序未经验收合格进行下道工序施工的情况发生。加强现场的巡检和旁站监理工作,使关键部位和工序的施工质量得到控制。加强对施工工期的控制,发生有拖后情况及时与承包单位协调,要求承包单位采取措施。在工程款支付的审核工作中,严格控制不少付和不多付,公正地签发工程款支付证书。做好甲方或其他单位与承包单位的协调方面工作。总之,本月的各项监理工作比较到位。

3. 有关本工程的意见和建议

建议甲方和承包单位对下步施工涉及的装修材料和设备订货的有关问题进行确定,避免因材料和设备等问题影响总工期。

4. 下月监理工作的重点

继续做好结构施工的质量控制和工期控制。

下月监理工作打算

继续做好结构施工的质量控制和工期控制

如填写内容过多,可加附页。

3.1.4　监理会议纪要

监理会议纪要范本见表3-1、表3-2。

表 3-1

监理会议纪要（一）

监理会议纪要(第一次工地会议纪要)		编号	×××
工程名称	××综合楼工程	签发	×××
会议时间	××年×月×日(星期×)×时	会议地点	××××
会议主持人	×××	会议记录人	×××
出席人员	建设单位：×××、××× 监理单位：×××、×××、××× 承包单位：×××、×××、×××、×××、×××、××× 分包单位：/		

会议主要内容：

一、建设单位、承包单位和监理单位分别介绍各自驻现场机构、人员及分工

1. 建设单位介绍驻现场机构、人员及分工

项目经理：×××，全面负责建设项目的管理；土建工程师：×××，负责土建施工方面的现场代表；电气工程师：×××，负责电气施工方面的现场代表；设备工程师：×××，负责暖通施工方面的现场代表。

2. 承包单位介绍驻现场机构、人员及分工

项目经理：×××，全面负责项目经理部的工作。

常务副经理：×××，负责本项目行政工作。

生产副经理：×××，负责本项目施工生产管理工作。

项目技术负责人：×××，负责本项目施工技术管理工作。

工程师：×××，负责本项目施工技术具体工作。

质检员：×××，负责本项目工程质量检查工作。

木工工长×××、钢筋工长×××、混凝土工长×××、测量员×××、暖通工长×××、电气工长×××、资料员×××、试验员×××、造价员×××、材料员×××、保管员×××、安全员×××、后勤管理员×××。

3. 监理单位介绍驻现场机构、人员及分工

总监理工程师：×××，全面负责项目监理部的工作；

总监代表：×××，负责总监赋予的权力和工作；

结构监理工程师：×××、×××，负责建筑及结构监理；

暖通监理工程师：×××，负责室内给水排水、采暖、通风、空调、燃气安装监理；

电气监理工程师：×××，负责动力、照明、电视、电话安装；

监理文员：×××，负责文件收集、整理、归档、各类文件打印等工作；

各专业监理工程师负责本专业工程质量、进度、造价的控制工作。

二、建设单位根据委托监理合同宣布对总监理工程师的授权

××工程建设监理有限公司承担的××项目监理工作由×××总监理工程师全面负责监理合同所约定的权限和义务，开展监理工作，其工作权力范围：

(1)审查承包单位选择的分包单位的资质，确认分包单位。

(2)审查承包单位的施工组织设计、施工方案和施工进度计划。

(3)督促、检查承包单位开工准备工作，签署工程开工报告。

(4)对工程材料/构配件和设备的检验权,对不合格的工程材料/构配件和设备有权通知承包单位停止使用。

(5)参加与所建项目有关的生产、技术、安全、质量、进度等会议或检查。

(6)签发监理通知、参与工程质量事故调查、分析及处理、下达暂停工/复工指令、签发往来公文函件及各类报表。

(7)签署承包单位的申请、支付证书及竣工结算。

(8)审查和处理工程变更。

(9)调解建设单位与承包单位的合同争议、处理索赔、审批工程延期。

(10)审核签认分部(子分部)工程,组织单位工程竣工预验收,督促承包单位对存在的问题进行整改,签署工程竣工报验单,并提出工程质量评估报告。参加由建设单位组织的竣工验收并签署竣工验收报告。

三、建设单位介绍工程开工准备情况

1.项目的各项审批手续已办理齐全,设计文件全部通过审查并已发给承包单位;

2.自筹资金已满足使用;

3.规划钉桩已落实。

四、项目经理汇报施工现场施工准备的情况

1.技术工作准备情况

(1)图纸交底及会审已完成,各类图籍、规范、标准、规程准备齐全。

(2)施工组织设计已经完成,报项目监理部审批。

(3)现场定位放线已完成,控制网已设置完毕。

2.设施及设备准备情况

(1)临时设施已搭设完毕,临时用水、电及场地整平已完成。

(2)塔吊、搅拌机、混凝土输送泵、电焊机等主要设备已进场。

(3)模板、脚手工具、运输工具、施工各种工器具已基本备齐。

3.进场工程材料情况

砂、碎石、水泥、钢筋、木材等主要材料已进场,并通过验收。

4.人员进场情况

劳务公司已确定,合同已签订,人员已进场。

五、建设单位和总监理工程师对施工准备情况提出意见和要求

1.建设单位对施工准备情况提出要求

(1)承包单位的各项准备工作基本到位,提出预计开工日期,上报项目监理部审批。

(2)确定开工日期后,应严格按建设施工承包合同约定的内容组织实施。

2.总监理工程师对施工准备情况提出意见和要求

(1)专业监理工程师对承包单位的开工条件已进行审查通过。

(2)总监理工程师签署工程开工报审表,同意承包单位施工。

六、总监理工程师介绍监理规划的主要内容

1.国家及本市发布的有关工程建设监理的政策、法令、法规;

2.阐明有关合同中规定的建设单位、监理单位和承包单位的权利和义务;

3.介绍监理工作内容;

4.介绍监理控制工作的基本程序和方法;

5.有关报表的报审要求。

七、研究确定各方在施工过程中参加监理例会的主要人员,召开工地例会周期、地点及主要议题

1.参加监理例会的人员确定

(1)项目监理部全体;(2)建设单位项目代表;(3)承包单位项目经理、生产经理、技术负责人、质量检查员、工长等有关人员。

2.会议召开时间

每周召开一次会议,定在每周五下午3：00。

3.会议地点

在工地会议室。

4. 主要会议议题

(1)检查上次例会议决事项的落实情况,分析未完事项的原因。

(2)检查工程施工进度计划完成情况,分析施工进度滞后或超前的原因。

(3)确定下一阶段进度目标,研究、落实承包单位实现进度目标的措施。

(4)材料、构配件和设备供应情况及存在的质量问题和改进要求。

(5)工程质量和技术方面的有关问题,明确主要改进措施。

(6)分包单位的管理与协调问题。

(7)工程变更的主要问题。

(8)工程量核定及工程款支付中的有关问题。

(9)违约、争议、工程延期、费用索赔的意向及处理情况。

(10)其他有关事项。

建设单位:×××

监理单位:×××

承包单位:×××

监理会议纪要（二）   表 3-2

监理会议纪要		编号	×××
工程名称	××综合楼工程	签发	×××
会议时间	××年×月×日(星期×)×时	会议地点	××××
会议主持人	×××	会议记录人	×××
出席人员	建设单位：×××、××× 监理单位：×××、×××、×××、××× 承包单位：×××、×××、×××、×××、×××、××× 分包单位：×××		

会议主要内容：

（一）上周议决事项落实情况

上周六项议决事项已落实四项,其他两项在落实中。

（二）上周施工进度情况及本周施工进度计划安排

1. 上周施工进度完成情况

(1)机房抹灰按计划完成；(2)西侧电缆沟抹灰及盖板按计划完成；(3)一至四层内外墙体挂钢板网及抹灰施工进度正常；(4)电缆桥架安装正常进行；(5)空调水支管和风机盘管安装正常进行。上周施工进度情况较好,基本按施工进度计划完成各项工作。

2. 下周施工进度计划安排

(1)一至四层内墙体抹灰,外墙抹灰打底；(2)屋面防水×月×日前完成；(3)屋面女儿墙抹灰完成；(4)电缆桥架安装、配电箱安装及穿线；(5)空调风机盘管、制冷机组配管安装,冷却塔配管安装及人防风机房安装；(6)给水排水管安装。

（三）本周工程项目质量状况,针对存在的质量问题提出改进措施

本周的施工项目的质量情况比较稳定,主要项目是抹灰工程和设备安装,基本处于过程施工,没有达到验收的程度。从监理巡检情况看,施工质量符合要求,工程质量在受控状态内。

（四）工程量核定及工程款支付情况

本周的施工项目主要是抹灰工程和设备安装,涉及本月的工程量核定及工程款支付的审批工作,土建工程核定的工程量是填充墙的砌筑工程量,设备安装按已签订的买卖合同总金额支付一定比例的设备款。具体情况按监理部的审核和签认进行工程款支付。

（五）需要协调的有关事项

(1)南段四层风管、消防、空调水管等与结构梁交叉的变更问题,应与结构设计确认变更位置,施工单位负责与设计联系。

(2)卫生间大便器冲水的形式改变后,应考虑原设计的给水量是否够用的问题。由施工单位负责与设计联系。

(3)设备电动阀的配电系统没有设计图,需要进行补充设计。施工单位负责与设计联系。

(4)二氧化碳灭火系统管路与通风管道碰撞的问题,由该系统设计到现场解决,由分包单位负责与设计联系。

(5)电缆桥架厂家供货不及时的问题由总包负责进行督促。

（六）其他有关事宜

(1)土建方面办理3份工程变更洽商,主要内容：

1)北段首层105室门恢复原设计1000mm宽；

2)屋面风管支架做法；

3)部分房间隔墙位置的变更。

(2)电气方面办理2份洽商,内容详见洽商。

(3)给水排水方面办理1份洽商,内容详见洽商。

(4)样板间的地砖在原选定的基础上提高档次,由总包单位选出样品与甲方确认。

（七）对下步工作要求

(1)做好施工洞口的封堵的隐蔽检查,控制质量符合要求。

(2)要加强对安装和装修施工质量的控制及成品保护。

(3)制冷机组的配管要考虑路线合理和通顺。

(4)加强文明施工的管理,保持现场的清洁;加强现场安全、保卫、治安方面的管理,确保安全无事故。

3.1.5 监理工作日志

监理工作日志范本见表 3-3。

监理工作日志范本 表 3-3

监理工作日志			编号		×××
工程名称		××综合楼工程			
监理单位		××工程建设监理有限公司			
	天气状况	风力(级)	最高(最低)温度/℃		备注
白天	晴	1～2	27		
夜间	晴	1～2	14		

施工检查情况：

施工部位情况：

1. 四层 5 段柱模板安装。

2. 四层 1 段柱钢筋绑扎。

3. 三层 2 段顶板混凝土养护。

4. 三层 3 段顶板钢筋绑扎。

5. 三层 4 段顶板模板安装。

施工情况：

1. 楼西侧暖沟砌砖。

2. 楼南侧肥槽回填土,施工人员 30 人,夯实机械 4 套。

监理工作纪实：

中间验收：

1. 14:40,四层 5 段柱模板安装验收合格。

2. 16:00,三层 4 段顶板模板安装验收合格。

3. 16:20,四层 2 段柱放线验收合格。

旁站及见证：

四层 5 段柱混凝土浇筑 18:30 开始 22:00 结束,各工序操作符合施工规范要求。

现场见证取样试块 1 组,编号:106

记录人	×××	日期	××年×月×日

注：本表由监理单位项目监理机构填写并保存。各地方按地方要求表式填写并保存。

3.1.6　监理工作总结

监理工作总结范本如下：

＿＿＿××高层住宅楼＿＿＿ 工程监理工作总结

监 理 单 位：＿＿＿××工程建设监理有限公司（公章）＿＿＿

合 同 编 号：＿＿＿＿＿＿××××＿＿＿＿＿＿

总监理工程师：＿＿＿＿＿＿×××＿＿＿＿＿＿

日　　　　期：＿＿＿＿2011 年 12 月 10 日＿＿＿＿

监理工作概况及监理委托合同的履行

工程名称	××高层住宅楼工程			设计单位	××建筑设计研究院	
建设单位	××投资置业集团有限公司			施工单位	××建设集团有限公司	
建设规模	建筑面积:19960m² 层　数:11/1		结构型式	框架 剪力墙	工程投资(万元)	4865
开工日期	2010 年 11 月 6 日	竣工日期	2011 年 11 月 30 日	施工日历天数		389

监理组织机构设置、主要监理人员及变动情况:

1. 项目监理组织机构设置,见下图。

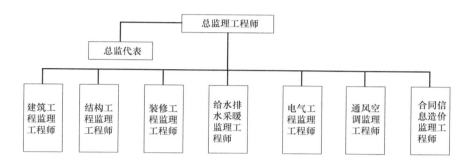

2. 项目主要监理人员。

项目监理部主要监理人员一览表

序号	姓名	职　务	性别	职　称	专业	备　注
1	×××	总监理工程师	男	高级工程师	工业与民用建筑	注册监理工程师
2	×××	总监代表	男	工程师	土木工程	注册监理工程师
3	×××	监理工程师（建筑工程）	男	工程师	工业与民用建筑	注册监理工程师
4	×××	监理工程师（结构工程）	男	工程师	建筑工程	全国监理工程师培训证书
5	×××	监理工程师(给水排水 采暖、通风与空调)	女	工程师	给水排水	全国监理工程师培训证书
6	×××	监理工程师(建筑电气、建筑智能化)	男	高级工程师	电气工程及其自动化	全国监理工程师培训证书
7	×××	监理工程师(合同、信息、造价管理)	女	工程师	工程造价	注册造价工程师
8	×××	监理员(建筑工程)	男	助理工程师	工程管理	住建委监理员培训证书

投入监理设施:

主要设施及设备清单一览表

序号	名 称	数量	规 格	备 注
1	办公及生活用房	5 间	3×6m	业主提供
2	办公桌、椅子	9 套	一头沉,三屉桌、写字台	业主提供 7 套,自备 2 套
3	电话	1 部		业主提供
4	文件柜	4 套	铁皮 2 套 5 节,木制 2 套	业主提供 2 套,自备 2 套
5	床	8 张	单人	业主提供
6	柜式空调	5 台	美的 KFR—51LW/DY—IB(R3)	业主提供
7	计算机	4 台	联想 Y470N—1TH	自备
8	打印机	1 台	爱普生 LQ—730K	自备
9	黑白多功能激光一体机	1 台	惠普(HP)LaserJetProM1536dnf	自备
10	照相机	2 架	通用(GE)X500	自备
11	工程质量检测器	1 套	JZC-2 型 03200130♯	自备
12	经纬仪	1 台	J2	自备
13	水准仪	1 台	DZS 3-1	自备
14	其他(简略)			

监理合同履行情况（此栏内容较多可加附页）

1. 监理合同目标完成情况

(1) 工程质量目标：合同约定质量等级为合格；实际工程质量等级为合格。

(2) 工程进度目标：合同约定开竣工日期：2010 年 11 月 6 日至 2011 年 11 月 30 日（不包括地基处理）；

实际开竣工日期：2010 年 11 月 6 日至 2011 年 11 月 30 日，实现进度目标。

(3) 工程造价控制目标：合同总造价 48657230 元（不包括工程变更费用）；实际签发工程款金额：48657230 元（不包括工程变更费用），实际工程款支付符合合同约定金额。

2. 监理合同的履行情况

按委托监理合同约定的监理服务时间、内容完成了各项监理工作并得到委托监理合同约定的监理酬金。

监理工作成效

监理工程师对原材料、设备实际验收批次	合格和同意使用的 165 批,占原材料、设备进场总批次的 97%
监理工程师对进场的原材料取样见证次数	总计 69 次,占总取样次数的 37.5%
监理工程师对工程所用砂浆、混凝土的试配及砂浆、混凝土试块制作和送检的取样见证次数	总计 65 次,占试验总次数的 35%
监理工程师对本工程的分项工程按国家相应的验收标准抽检和复验的项数	总计 195 项,占分项工程的 100%
监理工程师对施工单位的报验申请验收并签署意见的工程项数	总计 310 项,其中同意验收 304 项,占 98%,不同意验收 6 项,占 2%
监理人员在施工过程进行平行检验和对关键部位、关键工序旁站监理的工作情况	填写平行检查记录和旁站监理记录共 94 张
监理机构组织召开的各类工地会议次数	总计 92 次,会议纪要总计 61 份
监理机构发给承包单位的监理通知份数	总计 83 份,其中关于质量 71 份,进度 7 份,其他内容 5 份
监理工程师有关工程索赔的审核情况	承包单位提报值 453320 元;监理工程师最终审定 312216 元
监理工程师对工程进度的控制情况	审批各类工程进度计划 27 份,总监理工程师批准工程临时延期 0 天,总监理工程师批准工程最终延期 0 天

本项目承包单位工程结算提报值及监理工程师审定情况	承包单位提取值 52955815 元； 监理工程师最终审定 51472803 元； 与预算相比增加/减少 2815573.3 元。
本工程合同约定开工时间：2010 年 11 月 6 日 本工程合同约定竣工时间：2011 年 11 月 30 日	本工程实际开工时间：2010 年 11 月 6 日 本工程实际竣工时间：2011 年 11 月 30 日
本工程合同约定质量等级：合格	经监理机构核定质量等级 合格

目标控制完成情况及合理化建议实效：

1. 目标控制完成情况

（1）工程进度目标控制完成情况

1）第一目标的实现是地基人工处理 CFG 桩，于 2010 年 9 月 1 日至 2010 年 11 月 5 日完成。

2）第二个目标的实现是基础工程，于 2010 年 11 月 6 日至 2011 年 1 月 15 日完成。

3）第三个目标的实现是主体结构封顶，于 2011 年 3 月 1 日至 2011 年 8 月 15 日完成。

4）第四个目标的实现是装饰装修工程，于 2011 年 7 月 1 日至 2011 年 11 月 15 日完成。

5）第五个目标的实现是机电安装工程，于 2011 年 6 月 1 日至 2011 年 11 月 15 日完成。

6）第六个目标的实现是竣工验收，于 2011 年 11 月 16 日至 2011 年 11 月 30 日完成。

（2）工程质量目标控制完成情况

在工程施工全过程的监理工作中，各专业工程监理工程师对工程质量严格控制，圆满地完成了工程质量控制目标。

1）分部工程：共 10 分部（地基与基础、主体结构、建筑装饰装修、建筑屋面、建筑给水排水及采暖、建筑电气、智能建筑、通风与空调、电梯、建筑节能），核查 10 分部，符合标准及设计要求 10 分部。各分部工程质量验收结论（略）。

2）质量控制资料核查：共 40 项，经审查符合《建筑工程资料管理标准》40 项。

3）安全和主要使用功能核查及抽查结果：共核查 26 项，符合要求 26 项；共抽查 10 项，符合要求 10 项。

4）观感质量验收：共抽查 24 项，符合要求 24 项，观感质量验收为好。

5）单位工程质量情况：该工程承包合同规定的质量等级为：合格；施工单位的质量目标定位：确保优良。在投入上以确保优良，创优工程的目标进行安排，工程质量的创优评定由工程质量协会进行评定。监理单位按施工质量验收规范的结论为，该工程施工质量符合设计要求和施工质量验收规范，验收合格。

（3）工程造价目标控制完成情况

该工程对造价控制的主要工作是控制工程量的确认和工程款的支付的审批工作，在监理过程中对工程进度款的审批工作作做到按合同条款进行，完成了工程造价的目标。工程进度款支付情况（略）。

2. 施工过程中出现的问题及其处理情况和建议

（1）施工过程中出现的问题

1）回填土施工中回填土分层厚度超过标准和灰土搅拌不均匀。

2）防水卷材在阴阳角处的粘铺方法不正确。

3）部分大模板拆模较早，使混凝土表面有残缺现象。

4）隔墙抹灰的墙面有裂缝。

（2）处理情况及建议

1）对于回填土的质量问题的处理方法，对有问题的部位返工重做。

2）对于防水卷材的质量问题的处理方法，对有问题的部位返工重做。

3）对于大模板拆模较早的问题，严格按 GB 50204 规范规定的拆模要求执行。

4）对于隔墙抹灰的墙面有裂缝的问题处理采取两种方法：①墙面已经刮涂料后的裂缝，改用弹性腻子重新做；②对于还没有抹灰的墙面，在抹灰前检查玻璃丝布做法是否正确，砂浆的砂子粒径是否符合要求，分层抹灰厚度要控制等。

以上问题在阶段的施工中得到了解决，重新检验合格。

监理工作其他情况

1. 在承担监理工作中得到建设单位的大力支持

在监理工作的实施中建设单位为项目监理部提供了工作和生活的良好环境,在工作上给予大力支持,使项目监理部的工作顺利开展。项目监理部在监理过程中替甲方把关,将工程情况及时汇报,加强对工程质量的事前控制,避免和减少质量问题的发生。在事中控制中能及时发现工序存在的质量问题,并得到及时纠正。由于甲方的大力支持和项目监理部的积极工作,圆满地完成该工程的监理任务。

2. 在承担监理工作中得到施工单位的密切配合

在监理工作的实施过程中施工单位作为被监理单位,能认真听取监理工程师提出的要求,及时改正施工过程中出现的问题。施工单位在上报各类报表时及时、准确,为监理工作创造了条件。在生活上给予项目监理部工作人员照顾。项目监理部为了考虑工期和施工的连续性,不论什么时间报验,都能及时进行查验,给施工单位创造了必要的条件。

3. 监理的过程也是学习的过程

在监理工作的实施过程中建设单位和施工单位有许多的工作作风、经验值得我们学习。监理人员在工作的过程中需要不断的学习新的技术和管理知识,不断地提高管理水平,通过一项工程的竣工过程都能总结出经验和教训,是提高管理水平的过程。

4. 创社会信誉和经济效益靠监理人员的自身努力

在承担监理工作的同时也是监理单位窗口服务展示,监理人员要通过严格遵守监理人员守则,按守法、诚信、公正、科学四项准则工作,履行监理合同赋予的权利和义务,做好技术服务同时也是增加监理业绩和创社会信誉和企业经济效益的关键工作。

3.1.7 工作联系单

工作联系单范本见表 3-4。

工作联系单　　　　　　　　　　　　　　　　　　表 3-4

工程名称	××办公楼工程	编　号	B. 1. 1-003

致　　　×××工程管理有限公司　　　　（单位）

事由：

　　钢筋供货商供货不及时。

内容：

　　由我单位施工的××办公楼工程，工期紧，施工重大，但目前钢筋供货商不能及时供货，我单位提出供货计划后货物到场速度较慢，影响我单位工人施工下料，我单位已就此问题多次向供货商沟通，但效果不明显。因钢筋为甲方供材，望上级领导出面协调，在我单位提出供货单后及时供货，以免造成工程施工停滞现象。

　　　　　　　　　　　　　　　　　单　位　××建设集团公司
　　　　　　　　　　　　　　　　　责任人　　　　手签
　　　　　　　　　　　　　　　　　日　期　××年×月×日

3.1.8 监理工程师通知

监理工程师通知范本见表 3-5。

监理工程师通知 表 3-5

工程名称	××办公楼工程	编 号	B.1.2-004

致_____××建设集团有限公司_____（施工总承包单位/专业承包单位）

事由:关于____地上第五层砌筑砂浆抗压强度不合格____

内容:

　　本项目监理机构于6月22日9:08,收到你单位第二项目部报验的××办公楼第五层M7.5砌筑砂浆试验报告,报告编号为"砂浆-20140621002",试验结果为5.9MPa,判定不合格。

　　要求:

　　(1)请你单位分析不合格的原因,并制定相关措施。

　　(2)对砂浆和砌体强度进行原位检测,并判定其强度。

　　(3)在主体结构验收前按相关程序和要求处理,并将处理结果回复本监理机构。

附件:

《砌体结构工程施工质量验收规范》GB 50203—2011

抄送:建设单位一份。

监 理 单 位____××监理公司____

总/专业监理工程师____手签____

日 　　　　期____××年×月×日____

3.1.9 工程暂停令

工程暂停令范本见表3-6。

工程暂停令 表3-6

工程名称	××办公楼工程	编　号	B.1.3-001

致　　××建设集团有限公司　　(施工总承包单位/专业承包单位)

由于　地上第五层1～7/C～D轴墙柱混凝土抗压强度达不到要求　原因,现通知你方必须于2014年11月11日8时起,对本工程的　地上第五层1～7/C～D轴　部位(工序)实施暂停施工,并按要求做好下述各项工作:

(1)因地上第五层1～7/C～D轴墙柱混凝土试块抗压强度达不到要求(报告编号:HNT-20141110-004,达到设计强度89%),现要求停止该部位所有施工内容,经专业第三方检测单位处理意见出来之前,不得进行任何工种施工。

(2)要求施工单位做好该部位的现场清理及保护工作。

(3)及时办理检测及方案报审工作。

监　理　单　位	××监理公司
总业监理工程师	手签
日　　　　期	××年×月×日

3.2 质量控制资料

3.2.1 旁站监理记录

旁站监理记录范本见表 3-7。

旁站监理记录   表 3-7

工程名称	××办公楼工程			编　号	B.3.1-0018
开始时间	9：10	结束时间	22：12	日期及天气	××年×月×日/多云

监理的部位或工序：
卷材屋面防水层

施工情况：
该部位防水材料用 4mm 弹性体改性沥青防水卷材,复试合格,试验报告编号为×××。采用热熔法满粘施工,顺排水方向铺贴错茬搭接宽度长边≥80mm,短边≥100mm。接缝严密,粘结牢固。表面铺贴无翘边、皱折和鼓泡现象。

监理情况：
1. 检查原材料出厂合格证、质量检验报告和现场抽样复验报告。 　　2. 检查卷材防水层未发现渗漏或积水现象。 　　3. 检查卷材防水层接缝粘结牢固、密封严密、无翘边、皱折和鼓泡现象。与基层粘贴牢固、缝口封严。 　　4. 检查卷材的铺贴方向正确,搭接宽度符合要求。

发现问题：
无

处理结果：
无

备注：
无

监理单位名称：＿＿××监理公司＿＿ 旁站监理人员(签字)：＿＿手签＿＿	施工单位名称：＿＿××建设集团有限公司＿＿ 质检员(签字)：＿＿＿手签＿＿＿

3.2.2　见证取样和送检见证人员备案表

见证取样和送检见证人员备案表范本见表 3-8。

见证取样和送检见证人员备案表

表 3-8

工程名称	××办公楼工程	编　号	B.3.2-001
质量监督站	××质量监督检验总站	日　期	××年×月×日
检测单位	××建设工程检测试验公司		
施工总承包单位	××集团开发公司		
专业承包单位	××建设集团有限公司		

见证人员签字	手签	见证取样和送检印章	××工程建设监理有限公司 有见证试验专用章
	手签		

建设单位(章) ××建设集团有限公司	监理单位(章) ××工程建设监理有限公司

3.2.3 见证记录

见证记录范本见表 3-9。

见证记录 表 3-9

工程名称	××办公楼工程		编　号		B.3.3-013
样品名称	热轧带肋钢筋(φ25)	试件编号	009-022	取样数量	1组
取样部位/地点	施工现场		取样日期		×年×月×日
见证取样说明	依据见证取样的相关规定,现场取样真实有效,代表数量6.85t,天津轧二。				
见证取样和送检印章	××工程建设监理有限公司 有见证试验专用章				
签字栏	取样人员			见证人员	
	手签			手签	

3.3 造价控制资料

3.3.1 工程款支付证书

工程款支付证书范本见表 3-10。

工程款支付证书　　　　　　　　　　　　　　　　　　　　　表 3-10

工程名称	××办公楼工程	编　号	B. 4. 1-002

致＿＿＿＿×× 集团开发有限公司＿＿＿＿（建设单位）

　　根据施工合同＿第 13.2＿条＿第 6＿款的约定,经审核施工单位的支付申请及附件,并扣除有关款项,同意本期支付工程款工(大写)＿叁拾伍万陆仟叁佰贰拾元＿(小写:＿￥356320.00＿)。请按合同约定及时支付。

其中:

1. 施工单位申报款为:＿＿＿356320.00 元＿＿＿

2. 经审核施工单位应得款为:＿＿356320.00 元＿＿

3. 本期应扣款为:＿＿＿＿＿0 元＿＿＿＿＿

4. 本期应付款为:＿＿＿＿356320.00 元＿＿＿＿

附件:

1. 施工单位的工程支付申请表及附件;

2. 项目监理机构审查记录。

　　　　　　　　　　　　　　监 理 单 位＿×× 监理公司＿

　　　　　　　　　　　　　　总监理工程师＿＿手签＿＿

　　　　　　　　　　　　　　日　　期＿×× 年 × 月 × 日＿

3.3.2 费用索赔审批表

费用索赔审批表范本见表3-11。

费用索赔审批表 表 3-11

| 工程名称 | ××综合楼工程 | 编 号 | ×××× |

致____××建设集团有限公司____(施工总承包/~~专业承包单位~~)

根据施工合同__1.3__条__6__款的约定,你方提出的__现场延期交付__费用索赔申请(第___××___号),索赔(大写)__十五万捌仟捌佰壹拾壹__元,经我方审核评估:

☐ 不同意此项索赔。

☑ 同意此项索赔,金额(大写)十五万捌仟捌佰壹拾壹元。

同意/~~不同意~~索赔的理由:

施工单位提出的索赔符合施工合同的规定。

索赔金额的计算:

合同总价(1543349)－已累计完成工程量(749292)＝未完成工程量(794057); 材料费,人工费上涨系数为20%;

索赔金额为 794057×0.2＝158811 元

监 理 单 位 ××监理公司

总监理工程师____手签____

日 期____××年×月×日____

153

3.4　合同管理资料

3.4.1　工程延期审批表

工程延期审批表范本见表 3-12。

工程延期审批表　　　　　　　　　　　　　　　　表 3-12

工程名称	××办公楼工程	编　号	××××

致_____××建设集团有限公司_____（施工总承包/~~专业承包单位~~）

根据施工合同__12.2__条__6__款的约定,我方对你方提出的__××办公楼__工程延期申请(第___××___号),要求延长工期__3__日历天的要求,经过审核评估:

☑同意工期延长_____3_____日历天。使竣工日期(包括已指令延长的工期)从原来的___××___年__6__月__6__日延迟到___××___年__6__月__9__日。请你方执行。

□不同意延长工期,请按约定竣工日期组织施工。

说明:
　　施工单位提出的延期原因符合《建筑工程施工合同》的规定,同意延期。

监 理 单 位__××监理公司__

总监理工程师_____手签_____

日　　　　期__××年 4 月 5 日__

154

Chapter ▶▶ 04

施 工 资 料

4.1 施工管理资料

4.1.1 工程概况表

工程概况表范本见表4-1。

工程概况表

表 4-1

	工程名称	××办公楼工程	编 号	××××
一般情况	建设单位	××集团开发有限公司		
	建设用途	地上办公,地下车库	设计单位	××建筑设计院
	建设地点	××市××路	勘察单位	××勘察院
	建筑面积	19960m²	监理单位	××监理公司
	工期	××天	施工单位	××建筑公司
	计划开工日期	201×年9月20日	计划竣工日期	201×年5月25日
	结构类型	框架剪力墙	基础类型	筏板基础
	层次	地上/地下(11/1)	建筑檐高	38.025m
	地上面积	17539m²	地下面积	2421m²
	人防等级	6级	抗震等级	二级
构造特征	地基与基础	地基持力层为粉质黏土,采用筏板基础,底板厚度为400mm,混凝土强度等级为C30,抗渗等级为P8		
	柱、内外墙	柱截面尺寸(mm):400×400、500×500、700×900;柱强度等级:地下C50,地上C40,C35;内墙厚度(mm):地下300、200、100,地上200、100;外墙厚度(mm):100,强度C30		
	梁、板、楼盖	现浇钢筋混凝土梁、板、楼梯板厚度(mm):250,200,180,140,120,100,梯段板厚度(mm):100,强度C30		
	外墙装饰	1～2层为石材幕墙,3～11层为金属幕墙,局部面砖		
	内墙装饰	乳胶漆墙面、花岗石墙面、釉面砖墙面、樱桃木墙面、局部为壁布吸声墙面和软包墙面		
	楼地面装饰	花岗石、大理石、地砖和实木地板		
	屋面构造	保温层、找平层、SBS改性沥青卷材防水层等		
	防火设备	一级防火等级,各防火区以钢制防火门隔开		
	机电系统名称	给水排水及采暖、建筑电气、智能建筑、通风与空调、电梯		
	其他			

4.1.2　施工现场质量管理检查记录

施工现场质量管理检查记录范本见表4-2。

施工现场质量管理检查记录　　　　　　　　　　　　表 4-2

工程名称	××工程	施工许可证（开工证）	施××-××××	编号	×××
建设单位	××集团开发有限公司			项目负责人	×××
设计单位	××建筑设计院			项目负责人	×××
监理单位	××建设监理公司			总监理工程师	×××
施工单位	××建设集团有限公司	项目经理	×××	项目技术负责人	×××

序号	项　目	内　容
1	现场质量管理制度	质量例会制度；月评比及奖罚制度；三检及交接检制度；质量与经济挂钩制度
2	质量责任制	岗位责任制；设计交底会制度；技术交底制度；挂牌制度
3	主要专业工种操作上岗证书	测量工、钢筋工、木工、混凝土工、电工、焊工、起重工、架子工等主要专业工种操作上岗证书齐全，符合要求
4	分包方资质与分包单位的管理制度	对分包方资质审查，满足施工要求，总包对分包单位制定的管理制度可行
5	施工图审查情况	施工图经设计交底，施工方已确认
6	地质勘察资料	勘察设计院提供地质勘察报告齐全
7	施工组织设计、施工方案及审批	施工组织设计、主要施工方案编制、审批齐全
8	施工技术标准	企业自定标准4项，其余采用国家、行业标准
9	工程质量检验制度	有原材料及施工检验制度；抽测项目的检测计划，分项工程质量三检制度
10	搅拌站及计量设置	有管理制度和计量设施，经计量检校准确
11	现场材料、设备存放与管理	按材料、设备性能要求制定了管理措施、制度，其存放按施工组织设计平面图布置

检查结论：

　　通过上述项目的检查，项目部施工现场质量管理制度明确到位，质量责任制措施得力，主要专业工种操作上岗证书齐全，施工组织设计、主要施工方案逐级审批，现场工程质量检验制度制定齐全，现场材料、设备存放按施工组织设计平面图布置，有材料、设备管理制度

　　　　　　　　　　　　　　　　　　　　　　总监理工程师：×××

　　　　　　　　　　　　　　　　　　　　　（建设单位项目负责人）　　××年×月×日

　　注：本表由施工单位填写。

4.1.3　分包单位资质报审表

分包单位资质报审表范本见表 4-3。

分包单位资质报审表

表 4-3

工程名称	××办公楼工程	施工编号	××××
		监理编号	××××
		日　期	××年×月×日

致　__××建设监理有限公司__　(监理单位)

经考察,我方认为拟选择的　__××幕墙装饰公司__　(专业承包单位)具有承担下列工程的施工资质和施工能力,可以保证本工程项目按合同约定进行施工。分包后,我方仍然承担总包单位的责任。请予以审查和批准。

附:1.☑分包单位资质材料
　2.☑分包单位业绩材料
　3.☑中标通知书

分包工程名称(部位)	工程量	分包工程合同额	备注
幕墙工程	392m²	××万元	
合计	392m²	××万元	

施工总承包单位(章)　__××建设集团有限公司__
项目经理　__手签__

专业监理工程师审查意见:

　经审查,上述分包单位具备承包××办公楼工程资质。

专业监理工程师　__手签__
日　期　__××年×月×日__

总监理工程师审核意见:

　同意该分包单位承包上述工程。

监理单位:　__××建设监理有限公司__
专业监理工程师　__手签__
日　期　__××年×月×日__

4.1.4 建设工程质量事故调查、勘查记录

建设工程质量事故调查、勘查记录范本见表4-4。

建设工程质量事故调查、勘查记录 表4-4

工程名称	××办公楼工程	编 号	××××
		日 期	××年×月×日
调(勘)查时间	××年×月×日×时×分至×时×分		
调(勘)查地点	××办公楼工程施工现场		
参加人员	单 位	姓 名	职 务	电 话
被调查人	××建设集团有限公司	×××	项目经理	136……
陪同调(勘)查人员	××建设监理公司	×××	总监	136……
	××集团开发公司	×××	技术负责人	136……
调(勘)查笔录	该塔吊在进行正常施工作业(起吊全钢大模板),在起吊回转过程中,突然发生顶部倒塌,将塔吊底部正在临时作业的两名工人压在下面,后经抢救无效死亡		
现场证物照片	☑有 □无 共 11 张 共 11 页		
事故证据资料	□有 □无 共 张 共 页		
被调查人签字	手签	调(勘)查人签字	手签

4.1.5 工程质量事故报告书

建设工程质量事故报告书范本见表 4-5。

建设工程质量事故报告书   表 4-5

建设工程质量事故报告书		资料编号	×××
工程名称	××工程	建设地点	××区××路××号
建设单位	××集团开发有限公司	设计单位	××建筑设计院
施工单位	××建设集团有限公司	建筑面积(m²) 工作量(元)	8428m² 2310 万元
结构类型	框架剪力墙	事故发生时间	××年×月×日
上报时间	××年×月×日	经济损失(元)	10000.00 元以上

事故经过、后果与原因分析:

本工程基础施工顺序为先打工程桩,再施工基坑支护桩,最后进行基坑土方开挖和地下基础施工。

地下室基坑土方开挖后发现电梯井群桩基础中有 9 根桩身出现严重倾斜,倾斜度为 1.82%～6.55%,均超过施工规范桩身垂直度允许偏差值 1%的要求。为全面了解倾斜桩的桩身质量,对此 9 根桩进行动测,同时对管桩内腔采用灯泡照射法进行直观检查。检测结果除 36 号、45 号桩未发现缺陷,其他 7 根桩在底面以下 2～3mm 范围内桩身出现严重断裂

事故发生后采取的措施:

1. 基坑回填粗砂及石粉,分层淋水夯实,上铺钢板,采用 D62 履带式柴油锤桩机施工。

2. 在回填前对旧桩进行准确测位记录。

3. 回填前对桩芯顶一定深度内采用 C40 混凝土填实,配 5Φ16 钢筋笼,增大旧桩抗挤压刚度。

4. 基坑回填前对基坑支护桩加沙包保护,以减少打桩震动对支护桩的影响,而且在补打桩过程中加强对支护桩的监测

事故责任单位、责任人及处理意见:

事故责任单位:××建筑公司

责任人:施工人员×××

处理意见:

1. 对直接责任者进行治疗意识教育,切实加强操作规程的培训学习及贯彻执行,经考核合格后持证上岗,并处以适当经济处罚。

2. 对所在班组提出批评,切实加强施工过程质量控制。

结论:经返工处理后,达到施工规范要求

负责人	×××	报告人	×××	日 期	××年×月×日

注:本表由报告人填写。

4.1.6 见证记录

（1）有见证取样和送检见证人备案书，范本如下：

有见证取样和送检见证人备案书

_____××市建设工程_____质量监督站：

_____××建筑工程公司_____试验室：

我单位决定：由_____××× 、×××_____同志担任_____地基与基础_____工程有见证取样和送检

见证人。有关的印章和签字如下，请查收备案。

有见证取样和送检印章	见证人签字
××建设监理公司 有见证取样和送检印章	××× ×××

建设单位名称（盖章）：　　××集团开发有限公司　　　　　　　　　　××年×月×日

监理单位名称（盖章）：　　××建设监理公司　　　　　　　　　　　××年×月×日

施工项目负责人签字：　　×××　　　　　　　　　　　　　　　　××年×月×日

（2）见证记录见表 4-6。

见证记录   表 4-6

工程名称	××办公楼工程		编　号	×××	
样品名称	热轧带肋钢筋(Ф25)	试件编号	009—022	取样数量	1组
取样部位/地点	施工现场		取样日期	××年×月×日	
见证取样说明	依据见证取样的相关规定,现场取样真实有效,代表数量 6.85t,天津轧二				
见证取样 和送检印章	×××工程建设监理有限公司 有见证试验专用章				
签字栏	取样人员			见证人员	
	×××			×××	

4.1.7 见证试验检测汇总表

见证试验检测汇总表见表 4-7。

见证试验检测汇总表 表 4-7

工程名称	××办公楼工程		编号	××××
			填表日期	××年×月×日
建设单位	××集团开发公司		检测单位	××试验公司
监理单位	××建设监理公司		见证人员	×××
施工单位	××建设集团公司		取样人员	×××
试验项目	应试验组/次数	见证试验组/次数	不合格次数	备注
钢筋原材	81	33	0	
直螺纹接头	86	28	0	
混凝土标养	150	52	0	
防水卷材	3	2	0	
防水涂料	2	1	0	
砌块	8	3	0	
室内用石材	2	2	0	
室内用人造木板	3	3	0	
制表人（签字）	手签			

4.1.8 施工日志

施工日志见表 4-8。

施工日志

表 4-8

工程名称	××办公楼工程		编号	××××
			填表日期	××年×月×日
施工单位	××建设集团有限公司			
天气状况	风力		最高/最低温度	
晴天	无风		13/－1	

施工情况记录:(施工部位、施工内容、机械使用情况、劳动力情况、施工中存在问题等)
1. 基坑东侧与北侧护坡成孔、绑扎钢筋网片。
2. 施工临建办公室。
3. 现场作业:钢筋工 10 人,抹灰工 5 人,瓦工 12 人

技术、质量、安全工作记录:(技术、质量安全活动、检查验收、技术质量安全问题等)

施工现场符合安全、文明施工要求,施工正常。

记录人(签字)	手签

4.1.9　监理工程师通知回复单

监理工程师通知回复单见表4-9。

监理工程师通知回复单　　　　　　　　　表 4-9

工程名称	××办公楼工程	施工编号	××××
		监理编号	××××
		日　期	××年×月×日

致：___××建设监理有限公司___（监理单位）

　　我方接到编号为___××___的监理工程师通知后，已按要求完成了___钢筋退场___工作，现报上，请予以复查。

详细内容：

4月5日进场的36方5～25mm砂子经检测含泥量严重超标，已对此批物资及进行了清场处理。

专业承包单位_____/_____　　项目经理/责任人_____/_____

施工总承包单位___××建设集团公司___　　项目经理/责任人___手签___

复查意见：

　　经复查，不合格物资已全部清除出场。

监　理　单　位___××建设监理公司___

总/专业监理工程师___手签___

日　期___××年×月×日___

4.2 施工技术资料

4.2.1 工程技术文件报审表

工程技术文件报审表见表 4-10。

工程技术文件报审表

表 4-10

工程名称	××办公楼工程	施工编号	××××
		监理编号	××××
		日　期	××年×月×日

致：_____××监理公司_____（监理单位）

我方编制完成了_____××办公楼工程施工组织设计_____技术文件，并经相关技术负责人审查批准，请予以审定。

附：技术文件__122页__1__册

施工总承包单位_____××建设集团有限公司_____　项目经理/责任人_____手签_____

专业承包单位_____/_____　项目经理/责任人_____/_____

专业监理工程师审查意见：

该施工组织设计编制科学合理、有针对性、可实施性较强，可按此施工组织设计指导工程施工。

专业监理工程师_____手签_____
日　期_____××年×月×日_____

总监理工程师审批意见：

审定结论：　☑同意　□修改后再报　□重新编制

监理单位_____××监理公司_____
总监理工程师_____手签_____
日　期_____××年×月×日_____

4.2.2 危险性较大分部分项工程施工方案专家论证表

危险性较大分部分项工程施工方案专家论证表见表4-11。

危险性较大分部分项工程施工方案专家论证表 表 4-11

工程名称	××办公楼工程		编 号	××××	
施工总承包单位	××建设集团		项目负责人	×××	
专业承包单位	/		项目负责人	×××	
分项工程名称	土方开挖(深基坑)				
专家一览表					
姓名	性别	年龄	工作单位	职务	职称	专业
赵××	男	54	××工程设计研究院	院长	教授	土建
王××	男	46	××地质勘察研究院	副院长	副教授	土建
张××	男	44	××建设集团	集团总工	教授	工民建
刘××	男	47	××工程公司	工程部长	高工	公路
马××	男	53	××工程监理公司	总监	高工	土建
李××	男	50	××建筑工程有限公司	公司总工	高工	土建

专家论证意见：

　　此深基坑工程施工方案编制科学合理,可实施性较强,同意依此施工方案指导施工。

××年×月×日

签字栏	组长：手签 专家：各专家手签

续表

工程名称			××办公楼工程		编　号		××××
施工总承包单位			××建设集团		项目负责人		×××
专业承包单位			/		项目负责人		×××
分项工程名称			土方开挖(深基坑)				

专家一览表

姓名	性别	年龄	工作单位	职务	职称	专业
赵××	男	54	××工程设计研究院	院长	教授	土建
王××	男	46	××地质勘查研究院	副院长	副教授	土建
张××	男	44	××建设集团	集团总工	教授	工民建
刘××	男	47	××工程公司	工程部长	高工	公路
马××	男	53	××工程监理公司	总监	高工	土建
李××	男	50	××建筑工程有限公司	公司总工	高工	土建

专家论证意见:

此深基坑工程施工方案编制科学合理,可实施性较强,同意依此施工方案指导施工。

××年×月×日

签字栏	组长:手签 专家:各专家手签

4.2.3 技术交底记录

技术交底记录见表 4-12。

技术交底记录 表 4-12

工程名称	××办公楼工程	编号	××××
		交底日期	××年×月×日
施工单位	××建设集团有限公司	分项工程名称	
交底摘要	一般抹灰交底	页数	共　页,第　页

交底内容:

1　范围

××办公楼工程装饰工程一般抹灰技术交底。

2　施工准备

2.1　主要材料和机具:

1)干粉砂浆:按图纸要求确定相应砂浆。

2)主要机具:大平锹、小平锹,除抹灰工一般常用的工具外,还应备有软毛刷、钢丝刷、筷子笔、粉线包、喷壶、小水壶、水桶、分格条、笤帚、锤子、錾子、托线板等。

2.2　作业条件:

1)结构工程全部完成,并经质监部门验收,达到合格标准。

2)抹灰前应检查门窗框的位置是否正确,与墙体连接是否牢固。若门窗框未安装时,粉刷至门窗洞口时预留50的粉刷面,且应切直,并应切成斜45度的。墙体与门窗框之间连接处的缝隙应用1:3水泥砂浆或1:1:6水泥混合砂浆分层嵌塞密实。若缝隙较大时,应在砂浆中掺入少量麻刀嵌塞,使其塞缝严实。窗框下口与侧边从下向上200范围内,需要用细石混凝土塞实。

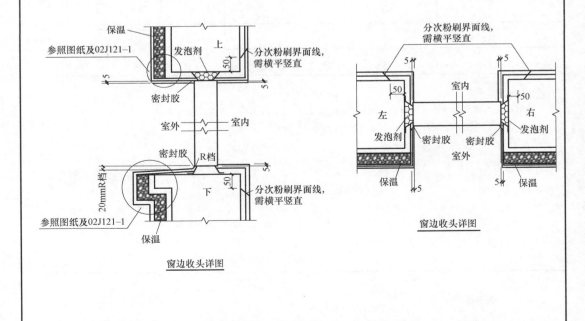

窗边收头详图　　　　窗边收头详图

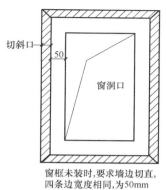
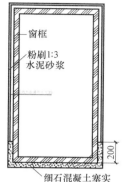

切斜口 50 窗洞口

窗框
粉刷1:3
水泥砂浆

200

细石混凝土塞实

窗框未装时,要求墙边切直,
四条边宽度相同,为50mm

3)砖墙、混凝土墙、加气混凝土墙基体表面的灰尘、污垢和油渍等,应清理干净,并洒水湿润。

4)柱、过梁等凸出墙面的混凝土剔平,凹处提前刷净,用水润透后,再用1:3水泥砂浆分层补衬平。

5)加气混凝土表面缺棱掉角需分层修补。做法是:先润湿基体表面,刷掺水重10%的107胶水泥浆一道。

6)抹灰前应检查基体表面的平整,以决定其抹灰厚度。

7)对墙体阳角需做好护角,若窗框装好后,窗洞内侧需做好护角。所有护角做好后,方可进行大面积粉刷。

8)凡不同墙体交接处以及墙体中嵌有设备箱、柜等同墙体等宽时,粉刷前在交接处及箱体背面加铺钉一层纺织钢丝网,周边宽出300,以保证粉刷质量。

9)混凝土墙喷浆养护好后,方可进行粉刷。

10)对蜂窝、麻面等部位应剔到实处,刷素水泥浆一道(内掺水重10%的107胶)。紧跟用1:3水泥砂浆分层补平。

11)对脚手眼应堵严,外露钢筋头、铅丝头等要剔除;爆模的混凝土需剔除到灰饼以内,不可大面粉刷完后再进行剔除。

12)梁底或板底塞缝必须密实,且塞缝完成后方可进行粉刷。

13)根据室内高度和抹灰现场的具体情况,已准备好抹灰高凳或脚手架,操作架子离墙250~300距离。

内粉刷架体参考图如下

14)室内外粉刷前必须先做好样板,经项目部相关人员共同鉴定合格后,将此面墙定为样板,其他墙面的质量按照样板墙质量标准去操作。样板墙未涉及的内容需与项目部相关人员商量后按同一方案施工。

15)墙面线盒与管线已预埋好,且预埋管是通的,方可进行粉刷。要求,在粉刷前,安装专业需检查本面墙中预埋管是否通线。

3 操作工艺

3.1 工艺流程:

基层处理→浇水湿润→吊垂线、套方、找规矩、做灰饼→做护角→抹底灰→抹面灰→养护

3.2　基层为混凝土：

1）基层处理：混凝土表面用水冲洗后，采用机械喷浆的方法甩毛，使其凝固在光滑的基层表面，用手掰不动为好。喷浆后，注意洒水养护，养护好后方可进行粉刷。混凝土结构和砌体结合处以及电线管、消火栓箱、配电箱背后钉好钢丝网。

2）一般在抹灰前一天，用软管或胶皮管或喷壶顺墙自上而下浇水湿润，每天宜浇水两遍，使渗水深度达到8～10mm，同时保证抹灰时墙面不显浮水。

3）吊垂直、套方、找规矩、做灰饼：分别在门窗口角、垛、墙面等处吊垂直，套方抹灰饼，在墙面上弹出抹灰层控制线。具体如下：

（1）用托线板检查墙面平整和垂直度，决定抹灰厚度（最薄处一般不小于7mm）；

（2）在墙的上角各做一个标准灰饼（用打底砂浆或1∶3水泥砂浆，遇有门窗口垛角处要补做灰饼），大小50mm见方，厚度以墙面平整垂直度决定；

（3）根据上面的两个灰饼用托线板或线坠挂垂线，做墙面下角两个标准灰饼（高低位置一般在踢脚线上口），厚度以垂线为准；

（4）用钉子钉在左右灰饼附近墙缝里挂通线，并根据通线位置每隔1.2～1.5m上下加做若干标准灰饼；

4）做护角：室内墙面、柱面的阳角和门洞口的阳角，一般可用1∶2水泥砂浆抹护角，护角高度不应低于2m，每侧宽度不小于50mm。护角做成灯草圆形状，不得做成刀口状。

（1）将阳角用方尺规方，靠门窗框一边以框墙空隙为准，另一边以标筋厚度为准，在地面划好准线，根据抹灰层厚度粘稳靠尺板并用托线板吊垂直；

（2）在靠尺板的另一边墙角分层抹护角的水泥砂浆，其外角与靠尺板外口平齐；

（3）一侧抹好后把靠尺板移到该侧用卡子稳住，并吊垂线调直靠尺板，将护角另一面水泥砂浆分层抹好；

（4）轻手取下靠尺板，待护角的棱角稍收水后，再用捋角器和水泥浆捋出小圆角；

（5）在阳角两侧分别留出护角宽度尺寸，将多余的砂浆以45°斜面切掉；

（6）对于特殊部位的护角，按设计要求在抹灰层中埋设金属护角线。

5）抹底层砂浆：按照房间墙面的装饰面不同，墙面抹灰的材料也不相同，按照图纸的要求材料及厚度抹底层砂浆，应分层与图纸设计要求相符合，并用大杠刮平、找直，木抹子搓毛。

6）抹面层砂浆：底层砂浆抹好后，第二天即可抹面层砂浆，将墙面润湿，抹面层砂浆。面层砂浆的使用材料需符合图纸的要求。先用水湿润，抹时先薄薄地刮一层，使其与底灰粘牢，紧跟着抹罩面灰，并用杠横竖刮平，木抹子搓毛，铁抹子溜光、压实。待其表面无明水时，用软毛刷蘸水垂直于地面的同一方向，轻刷一遍，以保证面层灰的颜色一致；避免和减少收缩裂缝。

抹灰的施工程序：从上往下打底，底层砂浆抹完后，将架子升上去，再从上往下抹面层砂浆，应注意在抹面层灰以前，应先检查底层砂浆有无空、裂现象，如有空裂，应剔凿返修后再抹面层灰；另外应注意底层砂浆上的尘土、污垢等应先清净，浇水湿润后，方可进行面层抹灰。

7）养护：水泥砂浆抹灰层完成后应喷水养护。

3.3　基层为砖墙：

1）基层处理：将墙面上残存的砂浆、污垢、灰尘等清理干净，用水浇墙，将砖缝中的尘土冲掉，将墙面润湿。混凝土结构和砌体结合处以及电线管、消火栓箱、配电箱背后钉好钢丝网。

2）吊垂直、套方、找规矩、做灰饼、冲筋：同前。

3）做护角：同前。

4)抹底层砂浆:按照图纸要求的砂浆类型及厚度,应分层与灰饼抹平,大杠横竖刮平,木抹子搓毛,终凝后浇水养护。

5)抹面层砂浆。操作方法,面层砂浆的配合比同设计图纸。

6)养护:水泥砂浆抹灰层完成后应喷水养护。

4 质量标准

4.1 保证项目:所用材料的品种、质量必须符合设计要求,各抹灰层之间,及抹灰层与基体之间必须粘结牢固,无脱层、空鼓,面层无爆灰和裂缝(风裂除外)等缺陷。

4.2 基本项目:

1)中级抹灰:表面光滑、洁净、接槎平整、线角顺直、清晰(毛面纹路均匀一致)。

高级抹灰:表面光滑、洁净、颜色均匀,无抹纹,线角和灰线平直、方正、清晰美观。

2)护角应表面光滑、平顺,门窗框与墙体缝隙填塞密实,表面平整。

3)孔洞、槽、盒尺寸正确、方正、整齐、光滑,管道后面抹灰平整。

4.3 允许偏差项目,详见下表。

墙面一般抹灰允许偏差

项次	项　　目	允许偏差(mm)		检验方法
		普通抹灰	高级抹灰	
1	立面垂直度	4	3	用2m垂直检测尺检查
2	表面平整度	4	3	用2m靠尺和塞尺检查
3	阴阳角方正	4	3	用直角检测尺检查
4	分格条(缝)直线度	4	3	拉5m线,不足5m拉通线,用钢直尺检查
5	墙裙、勒脚上口直线度	4	3	拉5m线,不足5m拉通线,用钢直尺检查

注:1. 普通抹灰,本表第3项阴角方正可不检查;

2. 顶棚抹灰,本表第2项表面平整度可不检查,但应平顺。

5 成品保护

5.1 门窗框上残存的砂浆应及时清理干净,铝合金门窗框装前应检查保护膜的完整,如采用水泥嵌缝时应用低碱性的水泥,缝塞好后应及时清理,并用洁净的棉丝将框擦净。

5.2 翻拆架子时要小心,防止损坏已抹好的水泥墙面,并应及时采取保护措施,防止因工序穿插造成污染和损坏,特别对边角处应钉木板保护。

5.3 各抹灰层在凝结前应防止快干、暴晒、水冲、撞击和振动,以保证其灰层有足够的强度。

5.4 油工刷油时注意油桶不要从架子上碰下去,以防污染墙面,且不可蹬踩窗台,防止损坏棱角。

6 应注意的质量问题

6.1 空鼓、开裂和烂根:由于抹灰前基层底部清理不干净或不彻底,抹灰前不浇水,每层灰抹得太厚,跟得太紧;对于预制混凝土,光滑表面不剔毛也不甩毛,甚至混凝土表面的酥皮也不剔除就抹灰;加气混凝土表面没清扫,不浇水就抹灰。抹灰后不养护。为解决好空鼓、开裂的质量问题,应从三方面下手解决:第一施工前的基体清理和浇水;第二施工操作时分层分遍压实应认真,不马虎;第三施工后及时浇水养护,并注意操作地点的洁净,抹灰层一次抹到底,克服烂根。

6.2 面层接槎不平、颜色不一致:槎子甩得不规矩,留槎不平,故接槎时难找平。注意接槎应避免在块中,应留置在不显眼的地方;外抹水泥一定要采用同品种、同批号进场的水泥,以保证抹灰层的颜色一致。施工前基层浇水要透,便于操作,避免压活困难将表面压黑,造成颜色不均。

7 相关注意事项

1)抹灰层与基层,各抹灰层之间必须粘结牢固;

2)抹灰前基层表面的尘土污垢油渍等应清除干净并洒水润湿;

3)普通抹灰表面应光滑洁净接槎平整分格缝应清晰;

4)护角孔洞槽盒周围的抹灰表面应整齐光滑;

5)水泥砂浆不得抹在石灰砂浆层上罩面石膏灰不得抹在水泥砂浆层上;

6)有排水要求的部位应做滴水线(槽)滴水线(槽)应整齐顺直滴水线应内高外低滴水槽的宽度和深度均不应小于10mm;

7)屋面女儿墙压顶粉刷时应向里坡,这样不会污染外墙面。

签字栏	交底人		手签		审核人		手签
	接受交底人			手签			

4.2.4 图纸会审记录

图纸会审记录见表4-13。

图纸会审记录   **表4-13**

工程名称	××办公楼工程	编号	×××
		日期	××年×月×日
设计单位	××建筑设计研究院	专业名称	桩基础
地　点	××建设集团会议室	页　数	共1页,第1页
序号	图号	图纸问题	答复意见
1	S-QS-001	现场±0.000的绝对标高未提供。	暂定为45.500m
2	S-QS-001	图纸中槽底标高和原桩位图中桩顶标高存在问题;打桩作业面具体位置没有确定。	本图仅作为施工依据,已发桩位图仍有改动不作为施工依据;图中虚线部位形状尺寸和位置没有确定,待二次开挖时再进行确认
3	S-QS-001	图中所标注标高是否为筏板底标高?	图中所标注标高为筏板底标高
4	S-QS-001	A轴以南桩位图上有13.0m多,与该土方开挖图不符。	建筑专业以该土方开挖图为准。边坡放坡1:0.15,A轴线以南两个轴线有改动,A轴线向南7.0m为外墙皮线,延长1.0m作为土方开挖下口线
签字栏	建设单位	监理单位	设计单位	施工单位
	手签	手签	手签	手签

4.2.5　设计变更通知单

设计变更通知单见表4-14。

设计变更通知单　　　　　　　　　　　　　　　　　　　　　表4-14

工程名称	××办公楼工程	编号	××××
		日期	××年×月×日
设计单位	××建筑设计研究院	专业名称	装饰装修
变更摘要	降低梁底标高	页　数	共1页,第1页

序号	图号	变更内容
1	DD-08	F06层6~9/C~F轴办公室因梁底标高为3.250m,风机盘管高度为0.450m(贴梁底安装),所以室内吊顶高度无法达到原设计要求。现将标高降为2.800m

签字栏	建设单位	设计单位	监理单位	施工单位
	手签	手签	手签	手签

4.2.6 工程洽商记录

工程洽商记录见表4-15。

工程洽商记录（技术核定单）　　　　　　　　　　　表4-15

工程名称		××办公楼工程	编号	××××
			日期	××年×月×日
提出单位		××建筑设计研究院	专业名称	装饰装修
洽商摘要		/	页　数	共1页，第1页
序号	图号		洽商内容	
1	建施-7		F01层13/(1/Q)～R轴，由于走廊上空设备管线比较多，所以防火门上端采用75轻钢龙骨双面双层12mm防火石膏板夹75mm岩棉封堵	
2	建施-13、14		F07～F09层1～6/E～F轴客房走廊由于设备管道密集无法安装吊杆，所以采用50主龙骨固定走廊两侧墙上	
3	建施-16		F11层(1/9)/R轴处水井防火门FM0822丙改为FM0820丙，已经安装完成的拆除	
4	建施-17		F12层(1/9)/R轴处水井防火门FM0822丙改为FM0820丙，已经安装完成的拆除	
签字栏	建设单位	设计单位	监理单位	施工单位
	手签	手签	手签	手签

4.3 进度造价资料

4.3.1 工程开工报审表

工程开工报审表见表 4-16。

工程开工报审表   **表 4-16**

工程名称	××办公楼工程	施工编号	××××
		监理编号	××××
		日　期	××年×月×日

致_____××建设监理公司_____（监理单位）

　　我方承担的 _____××办公楼_____ 工程,已完成了以下各项工作,具备了开工条件,特此申请施工,请核查并签发开工指令。

附件:

　　(1)施工许可证(复印件)

　　(2)施工现场质量管理检查记录

　　(3)施工组织设计审批表

　　(4)分项工程施工方案审批表

施工总承包单位(章)　××建设集团

项目经理_____手签_____

审查意见:

　　经审查,各项开工条件具备,准许开工。

监理单位　××建设监理公司

总监理工程师_____手签_____

日期　××年×月×日

4.3.2 工程复工报审表

工程复工报审表见表4-17。

工程复工报审表 表4-17

工程名称	××办公楼工程	施工编号	××××
		监理编号	××××
		日 期	××年×月×日

致_____××建设监理公司_____（监理单位）

　　根据_____××_____号《工程暂停令》，我方已按照要求完成了以下各项工作，具备了复工条件，特此申请，请核查并签发复工指令。

附：具备复工条件的说明或证明

专业承包单位_____／_____　　　　项目经理/责任人_____／_____

施工总承包单位_____××建设集团有限公司_____　　项目经理/责任人_____手签_____

审查意见：

经审查，工程停工原因已消除，具备复工条件，准许复工。

监理单位_____××建设监理公司_____

专业监理工程师_____手签_____

总监理工程师_____手签_____

日 期_____××年×月×日_____

4.3.3　施工进度计划报审表

施工进度计划报审表见表 4-18。

施工进度计划报审表　　　　　　　　　　　　　　　　　　表 4-18

工程名称	××办公楼工程	施工编号	××××
		监理编号	××××
		日　期	××年×月×日

致　　　　××建设监理公司　　　　　（监理单位）

　　我方已根据施工合同的有关约定完成了××办公楼工程总/××年第1季度2月份工程施工进度计划的编制，请予以审查。

　　附：施工进度计划及说明

施工总承包单位　　××建设集团公司　　　　　　　项目经理　　　　　手签

专业监理工程师审查意见：

施工进度计划编制合理，符合工期要求。

专业监理工程师　　　　手签

日　　期　　××年×月×日

总监理工程师审核意见：

同意按此施工进度计划施工。

监理单位　　××建设监理公司

总监理工程师　　　　手签

日期　　××年×月×日

4.3.4　人、机、料动态表

人、机、料动态表见表4-19。

××年×月人、机、料动态表　　　　　　　　　　　　　　　　　　表 4-19

工程名称			××办公楼工程		编号		××××
					日期		××年×月×日

致　××工程建设监理有限公司　(监理单位)

　　根据××年4月施工进度情况,我方现报上××年4月人、机、料统计表。

劳动力	工种	混凝土工	钢筋工	木工	焊工	普工		合计
	人数	11	10	15	3	4		43
	持证人数	8	8	11	3	0		30

主要机械	机械名称	生产厂家	规格、型号	数量
	插入式振动器	××公司	N2X-50	4 台
	电焊机	××公司	AX5-50	3 台
	钢筋调直机	××公司	JK-1T	1 台
	钢筋弯曲机	××公司	GFFQ-40A	2 台
	钢筋切断机	××公司	GJB-40B	2 台

主要材料	名称	单位	上月库存量	本月进场量	本月消耗量	本月库存量
	钢筋	t	0	50	15	35
	混凝土	m³	0	400	350	50
	钢管	m	0	500	480	20
	卷材	m²	0	1000	860	140

附件:　　　　　　　　　　　　　　　　　　无

施工单位　　××建设集团

项目经理　　　手签

178

4.3.5 工程延期申请表

工程延期申请表见表 4-20。

工程延期申请表   表 4-20

工程名称	××办公楼工程	编号	××××
		日期	××年×月×日

致___××工程建设监理有限公司___（监理单位）

　　根据施工合同__4__条__4.8__款的约定，由于_____建设单位_____的原因，我方申请工程延期，请予以批准。

附件：
1. 工程延期的依据及工期计算
　　合同竣工日期：××年3月3日
　　申请延长竣工日期：××年3月9日

2. 证明材料

专业承包单位_____/_____　　　　项目经理/责任人_____/_____
施工总承包单位___××建设集团___　　项目经理/责任人_____手签_____

179

4.3.6 工程款支付申请表

工程款支付申请表见表 4-21。

工程款支付申请表 表 4-21

工程名称	××办公楼工程	编号	××××
		日期	××年×月×日

致 ___××工程建设监理有限公司___ （监理单位）

　　我方已完成了　___××办公楼基坑开挖___　工作,按照施工合同,__7__ 条 __7.2__ 款的约定,建设单位应在 ×× 年 __1__ 月 __2__ 日前支付该项工程款共(大写)叁拾肆万伍仟捌佰贰拾元(小写: ___345,820.00___),现报上 ___××办公楼基坑开挖___ 工程付款申请表,请予以审查并开具工程款支付证书。

附件:
1. 工程量清单;
2. 计算方法。

施工总承包单位___××建设×××有限公司___　　　项目经理_____

4.3.7 工程变更费用报审表

工程变更费用报审表见表 4-22。

工程变更费用报审表 表 4-22

工程名称	××办公楼工程	施工编号	××××
		监理编号	××××
		日　　期	××年×月×日

致_____××建设监理公司_____（监理单位）

　　兹申报第___××___号工程变更单，申请费用见附表，请予以审核。
附件：工程变更费用计算书

专业承包单位_____／_____　　　　项目经理/责任人_____／_____
施工总承包单位_____××建设集团_____　　项目经理/责任人_____手签_____

监理工程师审核意见：

　　变更费用属于施工合同规定范畴，计算方法正确。

　　　　　　　　　　　　　　　　　　监理工程师_____手签_____
　　　　　　　　　　　　　　　　　　日　　期___××年×月×日___

总监理工程师审查意见：

　　同意支付此项变更费用。

　　　　　　　　　　　　　　　　监理单位___××建设监理公司___
　　　　　　　　　　　　　　　　总监理工程师_____手签_____
　　　　　　　　　　　　　　　　日期___××年×月×日___

4.3.8 费用索赔申请表

费用索赔申请表见表4-23。

费用索赔申请表   表 4-23

| 工程名称 | ××办公楼工程 | 编号 | ×××× |
| | | 日期 | ××年×月×日 |

致_____××工程建设监理有限公司_____(监理单位)

　　根据施工合同__9.2__条__3__款的约定,由于_____建设单位_____的原因,我方要求索赔金额(大写)__陆万捌仟柒佰叁拾伍__元,请予以批准。

附件:

1. 索赔的详细理由及经过

2. 索赔金额的计算

3. 证明材料

专业承包单位_____/_____　　项目经理/责任人_____/_____

施工总承包单位 ××建设集团公司　　项目经理/责任人_____手签_____

182

竣工验收资料

5.0.1 单位（子单位）工程竣工预验收报验表

单位（子单位）工程竣工预验收报验表见表 5-1。

单位（子单位）工程竣工预验收报验表　　　　　　表 5-1

工程名称	××商住楼工程	编　号	×××

致_____××建设监理公司_____（监理单位）：

　　我方已按合同要求完成了_____××商住楼工程_____，经自检合格，请予以检查和验收。

附件：

　　单位工程竣工资料

施工单位名称:××建设集团有限公司　　　　　　　　　　项目经理(签字):×××

审查意见：

　　经预验收,该工程：

　　1.☑符合☐不符合　我国现行法律、法规要求；

　　2.☑符合☐不符合　我国现行工程建设标准；

　　3.☑符合☐不符合　设计文件要求；

　　4.☑符合☐不符合　施工合同要求。

综上所述,该工程预验收结论：　　　　　　☑合格　　　　☐不合格

可否组织正式验收：　　　　　　　　　　　☑可　　　　　☐否

监理单位名称:××建设监理公司(盖章)总监理工程师(签字):×××日期:××年×月×日

本表由施工单位填写。

5.0.2　单位（子单位）工程质量竣工验收记录

单位（子单位）工程质量竣工验收记录见表5-2。

单位（子单位）工程质量竣工验收记录　　　　　表5-2

工程名称	××工程	结构类型	框架剪力墙	层数/建筑面积	11层/10733m²
施工单位	××建设集团有限公司	技术负责人	×××	开工日期	××年×月×日
项目负责人	×××	项目技术负责人	×××	完工日期	××年×月×日

序号	项目	验收记录	验收结论
1	分部工程验收	共 9 分部,经查符合设计及标准规定 9 分部	经各专业分部工程验收,工程质量符合验收标准
2	质量控制资料核查	共 40 项,经核查符合规定 40 项	质量控制资料经核查共 40 项符合有关规范要求
3	安全和使用功能核查及抽查结果	共核查 26 项,符合规定 26 项,共抽查 10 项,符合规定 10 项,经返工处理符合规定 0 项	安全和主要使用功能共核查 26 项符合要求,抽查其中 10 项使用功能均满足
4	观感质量验收	共抽查 24 项,达到"好"和"一般"的 22 项,经返修处理符合要求的 0 项	观感质量验收为好
5	综合验收结论	经对本工程综合验收,各分项分部工程符合设计要求,施工质量均满足有关质量验收规范和标准要求,单位工程竣工验收合格	

参加验收单位	建设单位	监理单位	施工单位	设计单位	勘察单位

注：单位工程验收时，验收签字人员应由相应单位的法人代表书面授权。

5.0.3 单位（子单位）工程质量控制资料核查记录

单位（子单位）工程质量控制资料核查记录见表 5-3。

单位（子单位）工程质量控制资料核查记录

表 5-3

工程名称		××工程		施工单位		××建设集团有限公司
序号	项目	资料名称	份数	核查意见		核查人
1	建筑与结构	图纸会审、设计变更、洽商记录	17	设计变更、洽商记录齐全		××× ×××
2		工程定位测量、放线记录	38	定位测量准确，放线记录齐全		
3		原材料出厂合格证书及进场检(试)验报告	126	水泥、钢筋、防水材料等有出厂合格证及复试报告		
4		施工试验报告及见证检测报告	91	钢筋连接、混凝土抗压强度试验报告等符合要求，且按30%进行见证取样		
5		隐蔽工程验收记录	108	隐蔽工程验收记录齐全		
6		施工记录	92	地基验槽、钎探、检验等齐全		
7		预制构件、预拌混凝土合格证	48	预拌混凝土合格证齐全		
8		地基、基础、主体结构检验及抽样检测资料	8	基础、主体经监督部门检验，其抽样检测资料符合要求		
9		分项、分部工程质量验收记录	43	质量验收符合规范规定		
10		工程质量事故及事故调查处理资料	/	无工程质量事故		
11		新材料、新工艺施工记录	7	大体积混凝土施工记录齐全		
1	给水排水与采暖	图纸会审、设计变更、洽商记录	6	洽商记录齐全、清楚		××× ×××
2		材料、配件出厂合格证书及进场检(试)验报告	26	合格证齐全，有进场检验报告		
3		管道、设备强度试验、严密性试验记录	5	强度试验记录齐全符合要求		
4		隐蔽工程验收记录	18	隐蔽工程验收记录齐全		
5		系统清洗、灌水、通水、通球试验记录	25	灌水、通水等试验记录齐全		
6		施工记录	14	各种检验记录齐全		
7		分项、分部工程质量验收记录	9	质量验收符合规范规定		
1	建筑电气	图纸会审、设计变更、洽商记录	3	洽商记录齐全、清楚		××× ×××
2		材料、设备出厂合格证书及进场检(试)验报告	17	材料、主要设备出厂合格证书齐全，有进场检验报告		
3		设备调试记录	62	设备调试记录齐全		
4		接地、绝缘电阻测试记录	70	接地、绝缘电阻测试记录齐全符合要求		
5		隐蔽工程验收记录	7	隐蔽工程验收记录齐全		
6		施工记录	7	各种预检记录齐全		
7		分项、分部工程质量验收记录	7	质量验收符合规范规定		

续表

工程名称		××工程		施工单位	××建设集团有限公司	
序号	项目	资料名称	份数	核查意见		核查人
1	通风与空调	图纸会审、设计变更、洽商记录	2	洽商记录齐全、清楚		××× ×××
2		材料、设备出厂合格证书及进场检(试)验报告	12	合格证齐全有进场检验报告		
3		制冷、空调、水管道强度试验、严密性试验记录	28	制冷、空调、水管道记录齐全		
4		隐蔽工程验收记录	16	隐蔽工程验收记录齐全		
5		制冷设备运行调试记录	10	各种调试记录符合要求		
6		通风、空调系统调试记录	10	通风、空调系统调度记录正确		
7		施工记录	9	预检记录符合要求		
8		分项、分部工程质量验收记录	8	质量验收符合规范规定		
1	电梯	图纸会审、设计变更、洽商记录	/	安装中无设计变更		××× ×××
2		设备出厂合格证书及开箱检验记录	10	设备合格证齐全,有开箱记录		
3		隐蔽工程验收记录	18	隐蔽工程验收记录齐全		
4		施工记录	16	各种施工记录齐全		
5		接地、绝缘电阻测试记录	2	电阻值符合要求,记录齐全		
6		负荷试验、安全装置检查记录	2	检查记录符合要求		
7		分项、分部工程质量验收记录	11	质量验收符合规范规定		
1	建筑智能化	图纸会审、设计变更、洽商记录、竣工图及设计说明	4	洽商记录、竣工图及设计说明齐全		××× ×××
2		材料、设备出厂合格证书及技术文件及进场检(试)验报告	22	材料、设备出厂合格证及技术文件齐全,有进场检验报告		
3		隐蔽工程验收记录	16	隐蔽工程验收记录齐全		
4		系统功能测定及设备调试记录	10	系统功能调试记录齐全		
5		系统技术、操作和维护手册	1	有系统技术操作和维护手册		
6		系统管理、操作人员培训记录	4	有系统管理操作人员培训记录		
7		系统检测报告	6	系统检测报告齐全符合要求		
8		分项、分部工程质量验收记录	6	质量验收符合规范规定		

结论:

　　通过工程质量控制资料核查,该工程资料齐全、有效,各种施工试验、系统调试记录等符合有关规范规定,同意竣工验收

施工单位项目经理:×××　　　　　　　　　　　　总监理工程师:×××
　　　　　　　××年×月×日　　　　　　　　　　(建设单位项目负责人)
　　　　　　　　　　　　　　　　　　　　　　　　　　　××年×月×日

抽查项目由验收组协商确定。

5.0.4 单位（子单位）工程安全和功能检验资料核查及主要功能抽查记录

单位（子单位）工程安全和功能检验资料核查及主要功能抽查记录见表5-4。

单位（子单位）工程安全和功能检查资料核查及主要功能抽查记录　　　　　表5-4

工程名称		××工程		施工单位	××建设集团有限公司		
序号	项目	安全和功能检查项目	份数	核查意见	抽查结果	核查(抽查)人	
1	建筑与结构	层面淋水试验记录	2	试验记录齐全			
2		地下室防水效果检查记录	4	检查记录齐全			
3		有防水要求的地面蓄水试验记录	15	厕浴间防水记录齐全			
4		建筑物垂直度、标高、全高测量记录	2	记录符合测量规范要求		××× ××× ×××	
5		抽气(风)道检查记录	2	检查记录齐全			
6		幕墙及外窗气密性、水密性、耐风压检测报告	1	"三性"试验报告符合要求			
7							
8		建筑物沉降观测测量记录	1	符合要求			
9		节能、保温测试记录	3	保温测试记录符合要求			
10		室内环境检测报告	1	有害物指标满足要求			
1	给水排水与采暖	给水管道通水试验记录	18	通水试验记录齐全	合格	××× ×××	
2		暖气管道、散热器压力试验记录	32	压力试验记录齐全			
3		卫生器具满水试验记录	56	满水试验记录齐全	合格		
4		消防管道、燃气管道压力试验记录	59	压力试验符合要求			
5		排水干管通球试验记录	20	试验记录齐全			
1	电气	照明全负荷试验记录	3	符合要求		××× ×××	
2		大型灯具牢固性试验记录	8	试验记录符合要求			
3		避雷接地电阻测试记录	2	记录齐全符合要求			
4		线路、插座、开关接地检验记录	24	检验记录齐全			
1	通风与空调	通风、空调系统试运行记录	1	符合要求		××× ×××	
2		风量、温度测试记录	6	有不同风量、温度记录	合格		
3		洁净室洁净度测试记录	4	测试记录符合要求			
4		制冷机组试运行调试记录	3	机组运行调试正常			
1	电梯	电梯运行记录	1	运行记录符合要求	合格	××× ×××	
2		电梯安全装置检测报告	1	安检报告齐全			
1	智能建筑	系统试运行记录	5	系统运行记录齐全		××× ×××	
2		系统电源及接地检测报告	2	检测报告符合要求			
3							

结论：
　　对本工程安全、功能资料进行检查，基本符合要求。对单位工程的主要功能进行抽样检查，其检查结果合格，满足使用功能，同意竣工验收

施工单位项目经理：×××
　　　　　　×× 年×月×日

总监理工程师：×××
（建设单位项目负责人）
　　　　×× 年×月×日

注：抽查项目由验收组协商确定。

5.0.5 单位（子单位）工程观感质量检查记录

单位（子单位）工程观感质量检查记录见表5-5。

单位（子单位）工程观感质量检查记录表　　　　　表 5-5

工程名称		××工程					施工单位						××建设集团有限公司		
序号	项目		抽查质量状况										质量评价		
													好	一般	差
1	建筑与结构	室外墙面	✓	✓	✓	✓	✓	✓	○	✓	✓	✓	✓		
2		变形缝	✓	✓	✓	✓	✓	✓	✓	✓	✓		✓		
3		水落管、屋面	✓	✓	✓	✓	✓	✓	✓	✓	✓	✓	✓		
4		室内墙面	✓	✓	✓	✓	✓	✓	✓	✓	✓	✓	✓		
5		室内顶棚	✓	✓	✓	○	✓	✓	✓	✓	✓	✓	✓		
6		室内地面	✓	○	✓	○	✓	✓	✓	✓	✓	✓	✓		
7		楼梯、踏步、护栏	✓	✓	✓	○	✓	✓	✓	✓	✓		✓		
8		门窗	✓	○	✓	○	✓	✓	✓	○				✓	
1	给水排水与采暖	管道接口、坡度、支架	✓	✓	✓	○	✓	✓	✓	✓	✓		✓		
2		卫生器具、支架、阀门	✓	✓	✓	✓	✓	✓	✓	✓	✓		✓		
3		检查口、扫除口、地漏	✓	✓	✓	✓	✓	✓	✓	✓	✓		✓		
4		散热器、支架	○	○	✓	✓	✓	✓	○	✓	✓	○		✓	
1	建筑电气	配电箱、盘、板、接线盒	✓	✓	✓	✓	✓	✓	✓	✓	✓		✓		
2		设备器具、开关、插座	✓	○	✓	✓	✓	✓	✓	✓	✓		✓		
3		防雷、接地	✓	✓	✓	✓	✓	✓	✓	✓	✓		✓		
1	通风与空调	风管、支架	✓	✓	○	✓	✓	✓	○	✓	✓		✓		
2		风口、风阀	✓	✓	✓	✓	✓	✓	○	✓	✓		✓		
3		风机、空调设备	✓	○	✓	○	○	○	✓	○	○			✓	
4		阀门、支架	✓	○	✓	○	✓	✓	✓	✓	✓		✓		
5		水泵、冷却塔													
6		绝热													
1	电梯	运行、平层、开关门	✓	✓	✓	✓	✓	✓	✓	✓	✓	✓	✓		
2		层门、信号系统	○	✓	✓	✓	✓	✓	✓	✓	✓	✓	✓		
3		机房	✓	✓	✓	✓	✓	✓	✓	✓	✓	✓	✓		
1	智能建筑	机房设备安装及布局													
2		现场设备安装													
3															
观感质量综合评价			好												
检查结论	工程观感质量综合评价为好，验收合格 施工单位项目经理：××× 　　　　　　　　××年×月×日							总监理工程师：××× （建设单位项目负责人）： 　　　　　　　　××年×月×日							

质量评价为差的项目，应进行返修。

5.0.6 工程竣工质量报告

工程竣工质量报告见表 5-6。

工程竣工质量报告   表 5-6

一、工程概况

××大厦工程位于北京市××区××路××号,所处地理位置优越繁华,交通四通八达,工程四周为草坪、绿树成荫,环境优美。该大厦由××集团开发有限公司投资开发,××地质工程勘察院勘察,××建筑设计院设计,××建设集团有限公司施工,××建设监理公司监理。

本大厦为商业、办公、公寓一体化建筑,地上 19 层,地下 2 层其中包括人防工程,首层为商业用房,2~4 层可兼做办公使用,5 层以上为住宅公寓。总建筑面积为 41264mm²。

二、施工主要依据

1. 合同范围内的全部工程及所有设计图纸及符合设计的(变更)文件;

2. 分项、分部、单位工程质量满足合同要求,执行国家《建筑安装工程质量检验评定标准》及《建筑安装分项工程施工工艺规程》;

3. 设备安装、调试符合现行有关规范、标准并满足合同要求;

4. 管理体系以 ISO 9001:2000 标准和公司的质量文件为依据,严格执行施工图纸文件,合同要求及国家的有关法律法规;

5. 工程建设监理规程及市建委××号文件;

6. 建筑安装工程资料管理规程等有关文件。

三、工程技术措施及质量情况

自工程开始,我单位始终坚持精心组织、精心指挥、精心管理的方针,充分发挥工程技术人员的积极作用,开动脑筋采用新施工技术和新的施工方法,应用新材料新产品共计 38 项:

1. 结构工程 18 项;

2. 钢结构施工技术 2 项;

3. 装修阶段的施工技术 12 项;

4. 其他项目 6 项。

由于可行的技术措施及新技术应用,使工程技术质量有所保证,并保证工程的工期,提高了经济效益,有步骤有计划地实现质量目标。

基础及主体结构工程仅用了近 10 个月就全部完成,其质量等级达到优良。至 2007 年 5 月止完成规定全部设计图纸及洽商的内容。在施工过程中我单位始终坚持把工程质量放在各项工作的首位,牢记企业质量方针:保合同重管理,塑造顾客期望的艺术品,统一协调管理,重点把关控制,积极与工程监理及建设等单位的配合,加强对分包单位的统一调度,统一协调,统一管理,严把质量关,最终达到和实现质量目标,并深受大厦各用户的一致好评,该工程由于参建各单位的共同努力,土建分部优良率均达 70% 以上,设备机电安装分部优良率均达 80% 以上,该工程竣工观感质量评定 91 分。详见工程质量综合评定有关资料。

技术、质量资料及施工管理资料,严格按《建筑安装分项工程施工工艺规程》施工,按《建筑工程施工质量验收统一标准》及《建筑工程资料管理规程》规定的内容评定和收集整理。该工程经自检评定符合设计文件及合同要求,工程质量符合有关法律、法规及工程建设强制性标准,对在施过程中质检机构提出的质量问题都做了处理。现已整改完毕,经复查符合要求。

该工程现已完成施工合同的全部内容,工程质量达到了国家验评标准的等级,特向××集团开发有限公司提出申请,要求对××大厦工程进行工程竣工验收。

总监:×××   施工负责人:×××

                                            ××集团有限责任公司

                                            ××年×月×日